日本の核論議はこれだ

［新たな核脅威下における日本の国防政策への提言］

倉田英世
緒方信之
鬼塚隆志
高井晉
冨田稔
樋口譲次
矢野義昭
郷友総合研究所 編

展転社

はじめに

平成十八（二〇〇六）年七月五日、日本海に向けた北朝鮮による弾道ミサイルの発射実験が行われました。さらに北朝鮮は、同じ年の十月九日に地下核実験を強行しました。これらの行為は、国際社会が必死で取り組んでいる核拡散の防止や核軍縮に真っ向から対立する許しがたい行為です。隣国の核武装という現実を突きつけられたわが国は、対北朝鮮経済制裁を発動するとともに、弾道ミサイル防衛（ＢＭＤ：Balistic Missle Defense）システムの前倒し配備を決定しました。しかし、これだけでよいのでしょうか。米国をして「ならず者国家」といわせた朝鮮労働党一党独裁の北朝鮮が核兵器を持ったということは、その矛先がいつわが国に向けられるか分からないということを意味します。万一、わが国に向けて核ミサイルが発射されたならば、わが国は、現在の国防体制では国民を守ることができません。たしかに六者会合で核を放棄させようとする動きはあります。しかしこれにより、すでに判明している核施設を封印できたとしても、このことは北朝鮮指導者が核兵器保有意図を完全に放棄したことを意味するものではありません。いつ、どのような形で再び核兵器の姿が浮かび上がってくるかもしれません。また、隣国のロシア、中国が大量の核兵器を保有していることも衆知の事実です。

中露に北朝鮮が加わり核兵器保有国に囲まれるようになったわが国が、国の安全を守るためにはどうしたらよいでしょうか。この疑問に答えるために、郷友総合研究所の研究員が、論議と推敲《すいこう》を重ねました。そして、その研究成果を専門家のみならず広く国民の皆様にご紹介し、核論議の出発点にしていただきたいと思い、この本にまとめ刊行することとしました。

研究所で論議と推敲を重ねた平成十八（二〇〇六）年秋から翌十九（二〇〇七）年春にかけては、北朝鮮の核脅威の顕在化とともに、「戦後レジームからの脱却」を掲げた安倍政権の発足、防衛庁の省への昇格など、国防の重要性に対する国民の関心が高まった時期といえます。しかし、平成十九（二〇〇七）年夏の参議院選挙における自民党の大敗以降、情勢が一変しました。その後の情勢は、選挙に大勝した民主党の党益重視とも見える姿勢に翻弄され、安倍政権が退陣し、インド洋での対テロ活動への補給支援という重要な国際平和協力活動を約半年間も中断するという事態に至ったのです。国際テロや、周辺諸国の核の脅威に曝されたわが国は、正に危機的事態に直面しています。このような時期にいつまでも核論議を棚上げしてしまったままでよいのでしょうか。

本研究所は、「アメリカの核の傘は、有効なのだろうか」、「非核三原則は、このままでよいのか」といった疑問と、「いたずらに核論議を回避し続けるだけで、国民の安全を保障することはできない」、「この新たな核脅威に直面した日本の安全を守るために政治のリーダーシップを求めていかなければならない」、「世界で唯一の被爆国である日本であるからこそ、現実を直視した核政策の必要性を訴えていかなければならない」という強い気持ちから、本書を出版することとしました。

もとより日本は、核燃料サイクルの設置を米国および国際原子力機関（ＩＡＥＡ：International Atomic Energy Agency）から認められている国のなかで、唯一の核兵器非保有国です。そうであればこそ、われわれは、この現状をしっかりと認識した上で、現実的で実効性のある核論議を広く国民の間に喚起したいと思う次第です。

本書の内容は、次の三つの部分からなっています。

第一は、わが国の核政策・核論議の問題点です。政策立案者や多くの知識人・マスコミが避けてきた核論議の実態と、新たな核脅威の出現をきっかけとして出てきた核武装論の問題点を直視しました。

第二は、中露に北朝鮮が加わり核保有国に囲まれるようになったわが国が当面とりうる、現実的施策としての日米安保体制強化論についてです。これは、単なる日米安保強化論ではなく、米国の核の傘に依存せざるをえないわが国の現状を踏まえて、国防のあり方を広くとらえたものであり、この部分が本書の核心ともいうべき箇所です。新たな核脅威下でのわが国の国防政策として「日米安保体制の強化（核の傘の信頼性の向上策）」、「国防体制の見直し」および「民間防衛（国民保護）の強化」等について、具体的な提案を述べています。

第三は、長期的視野に立った場合の選択肢としての「NATO型の核共有」について述べています。この部分は、前二つのテーマについて議論する中で生じた、「将来にわたり米国の核の傘に頼ったままでよいのか」「わが国のあらゆる努力にかかわらず、その傘の信頼性が失われるような事態に至ったならば、どうすればよいだろうか」という疑問に答えるため、ぜひとも必要な部分として述べたものです。

本書の記述にあたっては、努めて分かり易くしたつもりですが、一般の読者の方にとってはやや専門的な内容と感じられるかもしれません。それだけ核の問題は、難解で、複雑なテーマといえるのでしょう。また、そう感じるということは、わが国の政治が核の論議を封印し続けてきたことにも一因があるのではないでしょうか。本書が、この封印を破り、真剣な核論議をはじめるきっかけとなれば幸いです。

本書の出版は、郷友総合研究所が所属する社団法人日本郷友連盟の寺島会長、新井理事長、臼井副理事長はじめ連盟本部役員等関係者の皆様の支えがあり実現したものです。論議の過程におきましても多くの方々より助言をいただきました。また、展転社の皆様のご協力により日の目を見ることができました。本書執筆にあたった郷友総合研究所の研究員を代表して、これら関係者の皆様に心からお礼を申し上げます。

平成二十年三月十日

郷友総合研究所長　倉田　英世

目　次

日本の核論議はこれだ

第三章　将来の選択肢としてのNATO型核共有等の模索

序章　日本の核論議

「東京直撃で死者五十万人」の衝撃

平成十八年十二月十五日付の産経新聞は、一面トップに──「東京直撃」死者五十万人──の見出しで、ショッキングな記事を掲載した。東京ドームがある水道橋上空で長崎に投下された原子爆弾とほぼ同じ威力（二十キロトン級）の核攻撃による爆発が起こった場合、死者は五十万人、負傷者は三百万～五百万人に達し、国の政治経済の中枢は消滅し、コンピューターや通信網などの機能も壊滅して経済、社会、文化的損失は計り知れないとする札幌医科大学・高田純教授（放射線防護学）のシミュレーション結果を公表した。同時に、国民への警報、地下への退避、自衛隊病院に（核汚染の）除染棟を建設するなどの対策次第では被害を縮小できることを指摘するとともに、北朝鮮の核による「眼前の危機」のみならず、日本を見据えている中露両国の核の脅威に対する警戒や備えも決して怠ってはならないと警鐘を鳴らしている。

戦後六十年余り、世界の現実から目を逸らしながら、幸運にも平和を享受してこられた日本人、また戦後体制の中で国の防衛に当事者意識を持たず、長年にわたって核の脅威の存在など夢にも考えずに過ごしてきた多くの日本人にとって、この記事は驚天動地の衝撃

20KT級原爆直撃の被害予想の一例

人員の総合死傷半径（地形起伏、ビル、風等の条件は無視）

爆発高度（m）		木造家屋内		曝露人員		土1m下の隠蔽	
―		即効	遅効	即効	遅効	即効	遅効
高空	326	2700	2700	1200	1200	600	800
低空	144	2100	2000	1200	1300	600	900
地表	0	1800	1800	1100	1300	600	900

注：木造家屋内は倒壊、火災による死傷者を含む

であったに違いない。

しかしなぜ、わが国でこのようににわかに核に対する関心が高まり、核論議が急激に沸騰してきたかは言うまでもない。北朝鮮は、十月九日、「日朝平壌宣言」（二〇〇二年九月十七日）や「六者会合に関する共同声明」（二〇〇五年九月一九日）並びに国際社会の度重なる自制要求を無視して核実験を強行した。またこれに先立ち、日本に届くミサイルを保有する北朝鮮は、平成十年に引き続き、平成十八年七月五日、テポドン二号を含む七発のミサイルを日本海に向けて発射した。そして、これらの核実験とミサイル発射の複合事態が、身近に迫る死活的な脅威として多くの日本人を震撼させ、有形無形の反応を惹起する「引き金」になったのである。

すなわち、「ならずもの国家」、「馬賊団」といわれる北朝鮮の核の脅威に対して、わが国が唯一の頼みとしている米国の「核の傘」は、何十万もの死者や何百万もの負傷者を出すことなく核攻撃を未然に抑止できるのか、あるいは万が一北朝鮮による核攻撃を受けたときに、米国は自国への報復攻撃の危険を冒し自国民の犠牲を覚悟してまで、北朝鮮に核ミサイルを打ち込んでその力を封殺し、わが国を守ってくれるのだろうかという疑念や不安が、急速に日本人の間に芽生えはじめたからにほかならない。

北朝鮮の核保有の前に失われつつある米国の「核の傘」に対する国民の信頼は、はたして回復できるのか。また、わが国には、国家として万全で、かつ国民にとって信憑性のある核に対する抑止や対処の体制が備わっているのか。これらのことが、大きな論争の的になっている。

この論争が、尻すぼみの空論に終わることなく、新たな脅威を見据えた現実的な防衛政策へと発展することを期待するものである。現在の国内外の戦略環境を踏まえて、わが国が直面している核の脅威に対して採りうる現実的施策を検討し、あるべき姿を提示した本資料が、核論議の一層の深化に寄与できれば幸いである。

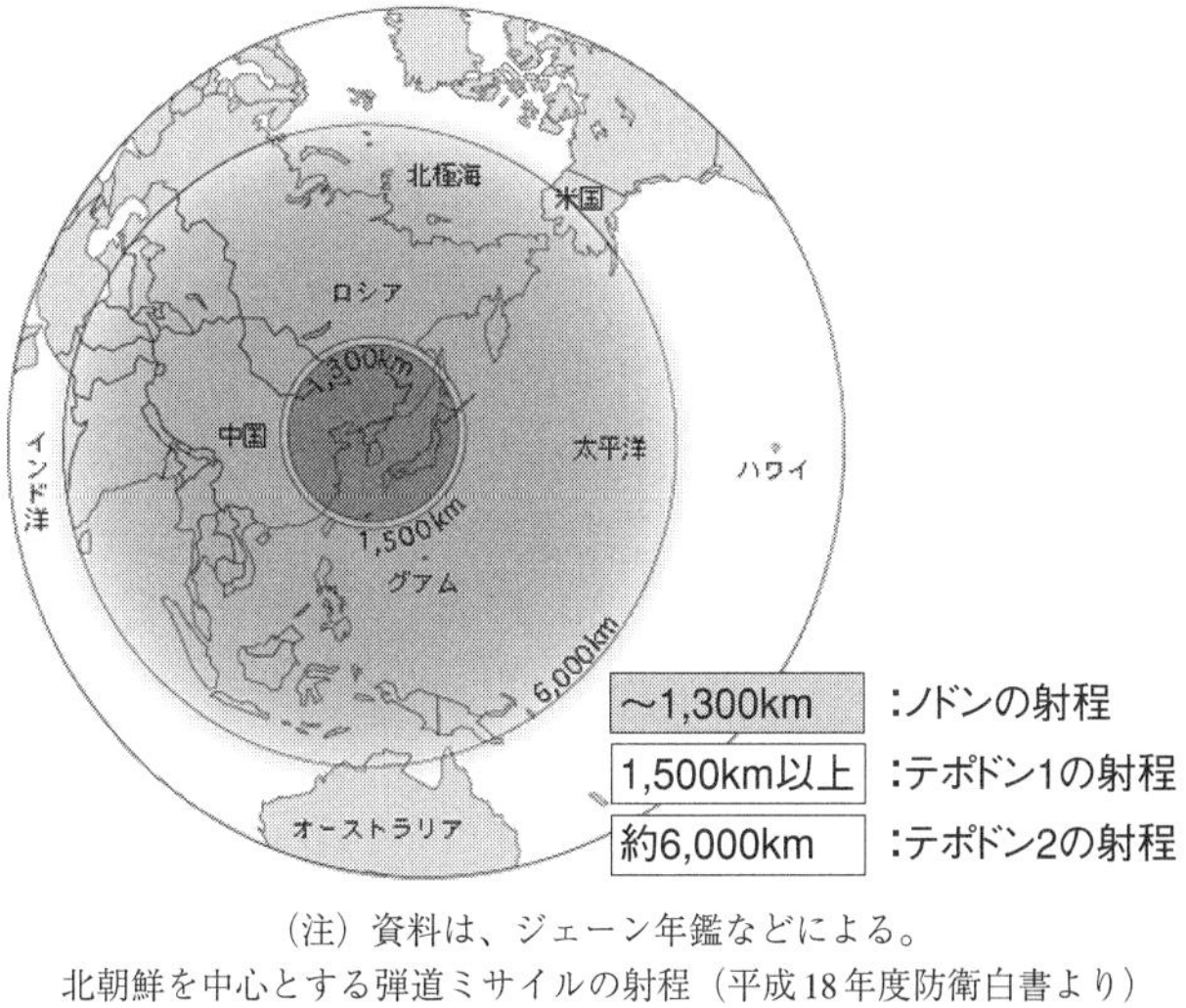

（注）資料は、ジェーン年鑑などによる。
北朝鮮を中心とする弾道ミサイルの射程（平成18年度防衛白書より）

国政の場で核論議を封印してはならない

北朝鮮の核実験を境にして、わが国においても核政策について活発に論議しようとする動きが出てきた。特に、政界では、その代表格として当時の外務大臣麻生太郎氏と自民党政調会長中川昭一氏が挙げられる。これは至って当たり前の動きなのだが、長年のわが国の政治社会状況から見れば、その勇気、政治的イニシアティブ、戦略性などは高く評価されてよい。ところが、すぐさまマスコミを含めた旧来の政治勢力が頭をもたげ、あるいは親中派などの意図的な発言によってこの動きを封じ込めようとする反作用が強まり、約八割は核論議を支持している国民の意識とはまったく掛け離れた「非核五原則」すなわち「非核三原則：核兵器を①持たず、②作らず、③持ち込ませず」に加えて「④言わず、⑤考えず」、といわれる異常な状況を醸しだし、核論議を封印しようと試みている。

民主国家の「言論の自由」に敢えて言及するつもりはないが、核論議封印の動きは、わが国の憲法改正問題が論議の封印によって長年その進展を阻まれてきた経緯を思い起こさせるものであり、それによってこうむる国家的損失を指摘せざるをえない。

今般の核論議は、わが国の核政策を喫緊の課題として見直し、あるいは再検討を開始するきっかけとすべきであり、無為無策のままに見過ごすような愚かな行動を採ってもらっては困るのである。今そこに迫っている国家的危機、あるいは国難を打開するには、国政の場はもとより広く国民の間で、自由かつ真剣に、現実的で責任ある核論議が堂々と展開されなければならない。そして、すみやかにわが国の核政策の方向とその在り方に関する論議を集約し、直ちに具体的政策として実行に着手することが求められている。このためには政治の強力なイニシアティブが不可欠である。

わが国の核論議は、要約すると次の三点に整理される。

①核の抑止と対処という軍事目的の達成に加え、国家の自主独立や核の政治的役割を絡めた核武装論
②現行日米安保体制に基づく核に対する抑止・対処能力の強化に関する論議
③唯一の核被爆国として平和主義の立場から一切の核を認めない核廃絶論

このうち、③の完全な核廃絶論は、核被爆国の心情に発した極端な無抵抗主義であり、言論の自由の保証された自由主義国家においてのみ認められる論であろう。この論は、世

界的にみれば正に空想的理想論であるばかりでなく、現に存在する核を保有する独裁国家を利する危険な論であるといわざるをえない。

もちろん、核兵器の危険性、非人道性を訴え、その使用を思い止まらせ、その拡散に歯止めをかける努力を続けることは不可欠である。しかし、いかに核軍縮が進展したとしても、現に存在する膨大な量の核兵器が近い将来に無くなることはなく、核保有国がその生産技術まで捨て去り、非核保有国に対する戦略的な優位を放棄することはありえないことである。

わが国が中露の核大国に包囲され、さらには北朝鮮の核に最も脅威を受けているのは紛れもない現実である。そのわが国の政策としてこのような危険な核廃絶論を採るのは、極めて非現実的かつ無責任である。③の核廃絶論は、国家としてとるべき選択肢にははじめからなりえない案であり、論議の対象からは除外してよいであろう。

そこで、以下、①の核武装論と②の安保体制強化論の二つについて検討することとする。

第一章

核武装論の問題点

核武装論は、核の抑止と対処という軍事目的の達成に加えて、米国の「核の傘」に頼らなければわが国の防衛をまっとうできない依存、従属の体質から脱却し、自らの運命を自らの意思と力にたくせるよう、国家の自主独立と自主防衛の体制を確立するべきであるとの考えや、核の政治的役割、すなわち国連常任理事国で構成される「核クラブ」の仲間入りを果たせば、わが国の国際的立場が強化できるなどの主張を絡めた意見として展開されている。

この中で、特筆すべき論議は、対中国問題である。中国の覇権的拡張が一段と強まり、アジアにおけるパワー・バランスが中国に傾いた場合、あるいはわが国の頭越しに「米中合作」がなされた場合には、日米安保体制は機能しなくなり、日本は中国の属国のようになってしまう恐れがある。これらの情勢の変化に対処するためにも、日本の自主防衛のための核武装が不可欠であるというものである。

本章では、核武装論に根拠を与えるわが国の核武装の可能性について、政策・技術等の側面から検討してみることとする。

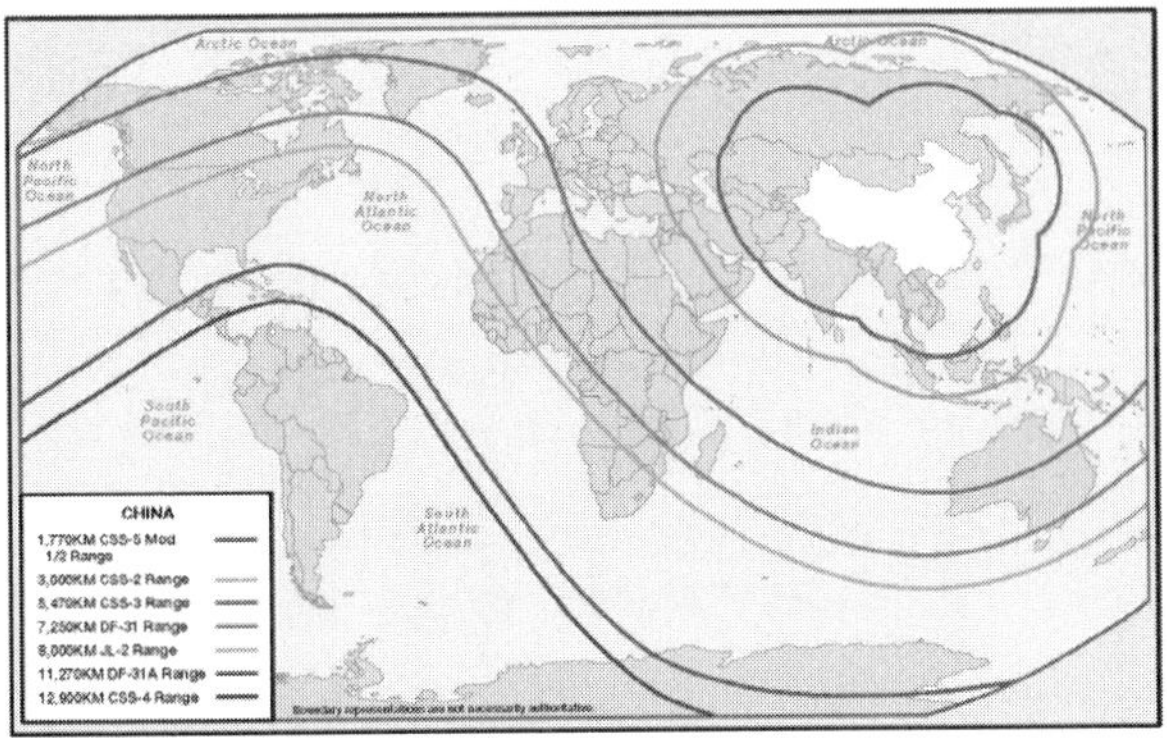

Figure 3. Medium and Intercontinental Range Ballistic Missiles. *China currently is capable of targeting its nuclear forces throughout the region and most of the world, including the continental United States. Newer systems, such as the DF-31, DF-31A, and JL-2, will give China a more survivable nuclear force.*

		配　備 ランチャー数 ／ミサイル数	射　　程
ICBM	CSS-4	20／20	12,900km
ICBM	DF-31A	'07 年中配備予期	11,270km
SLBM	JL-2	'07～10 年配備予期	8,000km
ICBM	DF-31	'06 に開発完了か？	7,250km
ICBM	CSS-3	9-13／16-24	5,470km
IRBM	CSS-2	6-10／14-18	2,790km
MRBM	CSS-5	34-38／40-50	1,770km

他に、短射程（300km～600km）の SRBM が 900 基以上あり、100 基／年の割で増え続けている。

出典：米国防総省年次報告―中国の軍事能力2007年版
(Military Power of the People's Republic of China　2007)

中国の弾道ミサイルの射程及び配置数等

(一) わが国の核政策　内外の取り決めや公約でがんじがらめ

わが国の核政策は、核兵器を①持たず、②作らず、③持ち込ませずの「非核三原則」がその筆頭に挙げられる。しかし、実はこれ以外に、国内法あるいは国際法によって様々な規制の下におかれている。

占領下の昭和二十二(一九四七)年一月三日、極東委員会の決定によってわが国の原子力分野における研究および活動は禁止された。しかしながら、独立後の昭和二十九(一九五四)年八月に開かれた第一回原子力平和利用国際会議が契機となって原子力ブームが到来し、昭和三十(一九五五)年一月一日に原子力基本法、原子力委員会設置法および総理府設置法の一部改正法、いわゆる原子力三法が制定施行され、ようやくわが国でも原子力時代がスタートすることになった。その原子力基本法には、わが国の原子力の研究、開発、利用は平和目的に限定すると明記されている。以来、その基本方針に基づいてわが国の原子力政策は、国際原子力機関(IAEA:International Atomic Energy Agency)の査察を受け入れ、極めて厳格に律せられてきた。

たとえば、わが国の防衛との関係では、「自衛隊が殺傷力ないし破壊力として原子力を用いるいわゆる核兵器を保持することは、原子力基本法の認めるところではない」」、また「原子力が…自衛艦の推進力として使用されることも、船舶の推進力としての原子力利用が一般化（普遍化）していない現状においては…同じく認められない」との政府の統一見解が示すとおりである。

一方、国際的には、昭和五十一（一九七六）年、日本政府は核兵器不拡散条約（ＮＰＴ：Treaty on the Non-Proliferation of Nuclear Weapons）を批准してその加盟国となった。それは、わが国が核非保有国の立場に止まることを国際的に公約したことにほかならない。また、わが国はＩＡＥＡ追加議定書の批准国でもあり、国内の核施設へのＩＡＥＡの監視カメラの設置や定期的な査察官の出入りなど厳しい査察を受け入れており、北朝鮮やイランのように秘密裏に核兵器開発を推進できる国とはまったく国情を異にしている。さらに、平成八（一九九六）年には包括的核実験禁止条約（ＣＴＢＴ：Comprehensive Nuclear-Test-Ban Treaty）に署名し、地下核実験を含めたあらゆる形での核実験の禁止に全面的に同意している。

日米間には、両国の基本関係を定めた「日米安全保障条約」がある。また、昭和四十三（一九六八）年に「原子力平和利用協定」が締結され、昭和六十三（一九八八）年には改定された「日米原子力協定」が発効している。本協定は、原子力の平和利用と核不拡散に係る国際秩序の確立を前提条件として、わが国の核燃料サイクルの長期的かつ安定的な運用を可能とする保障を与えるものとなっている。しかしながら、もしわが国が本協定に違反した場合には、核燃料サイクルは停止させられ、資源小国である日本の総電力量の約三十パーセントを賄う原子力発電は運用ができなくなる事態に追い込まれる。

このような内外におけるがんじがらめの取り決めや公約を一切反故にして、わが国が核武装を断行する場合には、国民の理解協力を得ることの困難性はもとより、日本の電力供給を麻痺させ、経済社会活動は大混乱に陥るであろう。さらに、北朝鮮やイランのように、国際社会から厳しい非難や制裁を受け、わが国の対外経済や外交をはじめとする国際関係全般に計り知れない打撃を与えることになろう。

また、世界唯一の被爆国として核兵器の廃絶を訴え、国連の常任理事国入りを目指す経済大国である日本の核武装は、北東アジアにおける核のドミノ現象（注）を引き起こす誘因となるばかりか、核の不拡散体制に大きな風穴を開け、世界的に深刻な影響を及ぼすとともに、わが国の国際的信用を失墜させるに違いない。

【ドミノ現象】

ある一国の政体変更を許せば、「ドミノ倒し」のように近隣諸国が次々と政体変更してしまうという外交政策の考え方をドミノ理論といい、実際に起こった現象をドミノ現象と呼ぶ。世界大戦後の冷戦期に、米国が共産主義の拡大を阻止するためベトナムに介入したときからこの考え方が使われるようになった。もともとは、ドミノ（二十八枚の象牙などで作られた長方形の牌を使って行うトランプに似た遊び）の牌を立てて並べておき、将棋倒しの駒のように倒す遊びを「ドミノ倒し」ということからきている。

そして、最大の問題は、わが国の外交・安全保障の基本となっている日米安保体制を形骸化させ、崩壊の危機に導くという結末が指摘されている点である。このことは、当然のことながら、同盟の核心である米国の「核の傘」による核抑止力の喪失を意味する。

（二）わが国の核兵器開発能力　ほぼゼロからのスタート

平成十八（二〇〇六）年十二月二十五日付の産経新聞は、「核兵器の国産可能性について」と題する政府内部調査文書（二〇〇〇年九月二〇日）を公表した。その骨子は次のとおりである。

○小型核弾頭試作には最低でも三年から五年、二千億から三千億円かかる

○核原料製造のためウラン濃縮工場拡張は非現実的。軽水炉使用済み燃料再処理をしても不可能

○黒鉛減速炉によるプルトニウム抽出が一番の近道

（この際、プルトニウム二三九を効率的に作り出す黒鉛減速炉と減速炉から生じる使用済み核燃料を再処理するラインの設置が必要　※筆者付記）

日本は、ウラン濃縮工場や原発の使用済み核燃料の再処理技術と設備はあるが、技術上の制約から核兵器にはただちに転用できず、日本が仮に核武装をする決心をしても、未知の技術開発に挑戦することになり、ほぼゼロからの開発にならざるをえないという現実を確認した文書になっている。

本記事の内容には、異論があるかもしれないが、これを一応のたたき台として論議を進めることにする。核弾頭の試作に並行して、そのプラットホームや運搬手段、たとえば潜

水艦やミサイルの開発、ならびにこれを運用するために必要な情報・指揮統制・通信などを司るC[4]ISR（Command, Control, Communications, Computers, Intelligence, Surveillance and Reconnaissance：指揮・統制・通信・コンピュータ・情報・監視・偵察）あるいはC[2]BMC（Command, Control, Battle Management and Communications：指揮・統制・戦闘管理・通信）などの関連装備や施設を核兵器システム全体として整備し、核兵器システムとしての実効性を確認する実験などを含めて、果たしてどの位の期間が必要になるのであろうか。現時点において様々な核兵器開発のシミュレーション結果が公表されているが、わが国が単独で実戦配備できる核兵器システムを完成させ抑止力として運用体制を確立するには、少なくとも約十年の歳月を要するとの見積もりが、一般的かつ共通的な認識のようである。それは、中露に対する中長期的な政策としては意味をなすかもしれないが、今そこにある「眼前の危機」としての北朝鮮の核には、独力では間に合わないということになる。

その場合、自前の核兵器として完成するまでの間は、引き続き日米安保の核抑止体制に依存しなければならない。しかしながら、わが国が米国の同意を得られないまま独自で核兵器開発に踏み切った場合には、米国が核の傘を閉じてわが国には「核抑止力の空白」の危険な時期が訪れるばかりか、日米同盟の終焉という事態に向かうかもしれないという大きなジレンマを抱えることになる。

　この独自開発に要する時間的問題と安保体制の危機を克服してわが国が核武装に踏み切るには、英国の核武装が同盟国アメリカの支持と技術的協力・支援を得て推進されたように、いわゆる英国方式を採用する以外に途はないであろう。したがって、わが国の核論議をより現実的に展開するためには、英国方式についての研究・検討を行うことが必要であり、この件については第三章で項を設け詳しく述べることとする。

(三) 核戦略環境の非対称性　わが国の相対的脆弱性

　核大国である隣国の中国は、わが国の約二十六倍というアジアでは最大の国土を持ち、約十三億の人口を擁するが、人口密度は日本の五分の二程度に止まる。しかも、商工業化されているのは東部沿海地域に限られ、そこには全人口の約二割しか所在していない。中国は、人口の大部分(約八割)が広大な西部地域に分散して主に農業に従事している農業国である。

一方わが国は、南北に細長い島嶼国家であり、国土・地形の縦深性に極めて乏しく、東京を中心とした太平洋ベルト地帯に一億三千万の人口と政治経済の中枢が集中し、資源を輸入に依存する先進工業国である。

唐突であるが、たとえばここで、双方が互角に核ミサイルを打ち合ったとすると、どちらが先に致命的な影響や損害を被るかは一目瞭然である。

日中戦争（中国では抗日戦争）における毛沢東指導下の共産軍の戦略は、遊撃戦による長期持久戦であった。これは、中国の広大な「国土の海」に日本軍を引き入れ、遊撃戦主体の長期持久戦によって自分の戦力を温存しつつ「領土を犠牲にして時間を稼ぐ」戦法であり、日本軍の戦力を逐次弱体化し、戦争の長期化によって日本経済を疲弊させて継戦能力を断ち、最後に反撃に出て勝利を獲得しようとするものであった。中国は、そのような戦略が成り立つ国家である。

一方わが国は、米軍の本土進攻に際しては、一億総玉砕を覚悟して本土決戦に打って出ることを計画したが、広島、長崎に対する二発の原爆投下と引き続くソ連軍侵攻で終戦を受け入れざるをえなかった国柄である。

このように、日中の核戦略環境を考えた場合、国土の地政学的特性には大きな差異があり、わが国は相対的に脆弱性を有すると考えておかねばならない。また、対ロシアを考えた場合もほぼ同様である。失うもののない北朝鮮は、比較の対象にはなりえない。

以上は、国土・地政的側面からの観察である。このほか、わが国と中露および北朝鮮との間には、政治体制の相違、報道・言論統制の閉鎖的社会と自由で開かれた情報化社会との差異、人権や国民の戦争に対する許容度などの体制や国民意識の隔たりなどがあり、核戦略の構築、発動に際して大きな非対称性が存在する。それらは、いずれもわが国の核戦略環境の相対的脆弱性としてとらえておくのが賢明というべきものである。

それでは、核戦略上の基礎要件が彼我対等でない場合、すなわち中露北朝鮮の強者に対して弱者の立場におかれているわが国にとって、核戦略体制はどのように構築すべきなのであろうか。この際に参考となるのは、第三章で詳しく述べるように、ＮＡＴＯ同盟の中の核保有国である英仏両国のケースである。

フランスは自国防衛のための独立した戦力として保有しているが、英国は米国の核戦略と一体化した核戦力を保有している。わが国の場合は、核戦略上の相対的脆弱性に加えて、日米同盟維持の重要性、戦域核から戦略核まで整備する費用対効果の問題、あるいは「宇宙の平和利用」の制限によって遅れているわが国の情報・指揮統制・通信能力などを勘案する必要があり、日本独自の核を保有するとしても、それは当面「フランス型」ではないはずである。日本の場合は、日米同盟の枠内で、米国の戦略核と一体化した東アジアの戦域核戦力として位置付け、日米の役割分担に基づく共同連携を前提とした核武装、いわゆる「英国型」に準じた米国との「核共有」が一つの方向性を示すことになるのではなかろうか。またＮＡＴＯ諸国のうち、ドイツ、イタリア、トルコなどは、非核保有国の立場にありながら米国と協定を結び、有事には米国の核を譲り受け核抑止力を確保するという「核共有」の体制をとっている。このように、核政策の検討に際しては、わが国の特性である戦略環境の相対的脆弱性と先行するＮＡＴＯ諸国の核政策を十分に考慮に入れて取り組むことが必要である。

（四）わが国の世論と政治のイニシアティブ　動かない世論と弱い政治力

わが国が核武装するには、国民の一致した理解と協力が欠かせないが、北朝鮮の核実験直後の世論調査においても、北朝鮮の核の脅威に対抗するためにわが国は核武装すべきであるという意見は、意外に少ない。時事通信社が平成十八（二〇〇六）年十一月十八日にまとめた世論調査によると、わが国の核武装については、六十九パーセントが反対し、二割を超える人が賛成した。この結果から、わが国の安全保障に対する懸念の高まりが察知される一方、大半が核武装を否定しており、国民の核アレルギーを基にした反対の姿勢が容易に覆される傾向にはないことが理解される。

では、わが国の政治指導者は、核武装の世論形成に積極的なリーダーシップを発揮し得るであろうか。

フランスの核武装は、米国の強い反対を押し切って敢行された。それを強力に推し進めたのは、時の大統領ド・ゴールであった。

「国防なき国家に独立なし」とのド・ゴールの言葉にその真髄が集約される。ゴーリズム（ドゴール主義）は、フランスの栄光、国家の尊厳と独立および反米主義などを特徴としている。ド・ゴールは、一九五九年十一月の陸軍大学における演説で核戦略の方針を表明した。その骨子は、「独自の核戦力を開発し、自国の運命は自ら決する。…フランスの防衛は自らの手で自らの流儀で行う。他国の核の傘はありえない」というものであり、フランスのための独立した核戦力を保持し、その使用はフランス大統領の意志のみによって決定されるというものであった。以来、それがフランスの伝統として現在にも引き継がれている。

中国と北朝鮮の核開発の過程は、以下のように大変よく似通っているとの指摘がある。すなわち、中国の核開発は、毛沢東の強い意思によってはじめられた。当時、近代化の遅れた貧乏国の中国で、毛沢東は「一皿のスープを皆で啜り合っても、ズボンをはかなくても、核兵器を作る」と国民に窮乏生活を強いても核兵器開発に国家の財源と資源を集中した。その過程で、中国国内では二千万人もの餓死者が出た。新説では、当時の人口六億のうち、その一割の六千万人が餓死したとも伝えられている。世界の中で孤立しながら、なぜそのような犠牲を払っても核兵器を開発したかは、米国の核による脅しを受け、「核兵器には核兵器で対抗するほかない」と認識したからだという。

北朝鮮では金日成の意思によって核開発が発意され、それを息子の金正日が引き継いでいる。現在、疲弊しきった経済の中で、人民の犠牲など一顧だにせず推進されている北朝鮮の核開発の状況は、中国のやり方とまったく同じである。すなわち、北朝鮮は、中国が核兵器を開発した過程を隣で観察しながら、核開発を決断し、同じやり方で進めているのである。

しかしながら、わが国の政治リーダーは、内外の諸問題や諸制約を排除してド・ゴール大統領のように明確な国家の方針と核戦略ドクトリン（教義）を提示し、それを推進する強力なイニシアティブを発揮できるのか、はなはだ疑わしい。また一方、毛沢東や金親子は核兵器開発に際して甚大な負担や犠牲を国民に強いてきた。わが国の場合は、財政的負担や国民生活に与える犠牲はそれほど大きくはないと思われるが、動かない国民意識あるいは世論を変え、あるいは反対を押し切ってでも核武装を推し進めるという難題に立ち向かう勇気と実行力を備えた指導者が現れるのか、あるいはそのような強い指導者の台頭を国民が望むのかは大きな疑問である。

結局、例えば北朝鮮の弾道ミサイルがわが領土に着弾するなど、実際に重大な国難に遭遇して国民の意識が覚醒され、世論が劇的に変化するまで待つ以外に方法がないのかもしれない。しかし、それでは遅いのである。

以上、わが国の核武装の可能性について、政策や技術などの側面から検討してきた。その結果をまとめると、次の四つの問題を指摘することができる。

①わが国の核政策は内外の取り決めや公約でがんじがらめになっており、その変更には大きなリスクを伴い、特に日米同盟崩壊の危険があること

②わが国の核兵器開発能力はほぼゼロからのスタートであり、核兵器システムの完成には少なくとも十年程度が必要であること
③日本を取り巻く中露の核大国あるいは北朝鮮と比較して、わが国の核戦略環境は相対的に脆弱であること
④核兵器保有に対する国民の根強い反対とこれを克服するのに必要な政治のリーダーシップが弱体であること

要するに、わが国が核武装を決断するまでには、憲法が戦後六十年余りたっても改正されなかったように、相当な時間がかかると見るのが現実的かつ自然ではなかろうか。また、ひとたび核武装を決断したとしても、実効性ある独自の核兵器システムの開発には少なくとも十年程度の期間を要するのである。すなわち、核武装論には、それを裏付ける可能性に大きな問題が存在し、今そこにある「眼前の危機」としての北朝鮮の核の脅威には有効な手立てとはなりえない。また、中国の台頭やロシアの潜在的な脅威に中長期的視点から対策を講じようとしても、今速やかな国家的決断がなされ、米国の支持と協力が得られなければ、自前でその目的を達成するのは極めて難しい状況にあるといえよう。

では、核武装論が当面の国家施策の選択肢として可能性が低いのであれば、わが国は日米安保体制に基づいて核抑止・対処能力を高める「日米安保体制強化論」を模索するしか途がないのではなかろうか。

そこで、現行の安保体制下で核を抑止し核に対処するための体制の現状と問題点について考え、その信頼性を高めるための具体的方策について検討することが次の課題として浮び上がってくる。

第二章　当面の現実的政策としての日米安保体制強化論

日米安保体制強化論は、核武装が日米安保体制の崩壊の危険を招くとともに、国民の理解と協力を得ることが難しいことや、核武装そのものの無効性と非現実性などを指摘しつつ、現行の安保体制を深化させることによって、核を抑止し核に対処するためのわが国の体制を一段と強化し、米国の「核の傘」に対する失われた国民の信頼を回復するのがより現実的かつ賢明な政策であるという主張である。

この中で、安保体制強化のための論議としては、非核三原則の「持ち込ませず」の見直し、政府が憲法解釈上禁じられているとする集団的自衛権の行使の容認、あるいはＢＭＤシステムの前倒し配備などが含まれる。

本章では、わが国の核抑止・対処体制を強化し、その信頼性を向上する観点から、日米安保体制およびわが国の防衛体制などの現状と問題点を明らかにし、その改善のための具体的方策について検討することとする。

（一）日米安保体制の強化　核の傘の実態とその信頼性向上

冷戦期に、中露の核大国によって包囲され、核に対してまったく無防備なわが国にとって、日米安保条約の最大の役割は米国の「核の傘」の提供にあった。今もその役割は中露のみならず、なりふり構わず核兵器開発に突き進んでいる北朝鮮の核の脅威に対しても、いささかも変わっていない。しかしながら、北朝鮮の核実験を目の当たりにして国民は本能的に米国の「核の傘」に対する信頼性に疑念を抱きはじめ、わが国の核抑止・対処体制は急速に揺らいで大きな不安を掻き立てている。

もともと、米国の「核の傘」は、あくまで外交的公約であり、その実態は口約束であって、心理的な効果をもたらすに過ぎないという指摘がなされてきたのも事実である。

そこで、日米安保体制の中で、「核の傘」の実態はどのようになっているのかを探りながら、その信頼性向上と核抑止・対処体制の具体的強化策について検討することとする。

ア　国家レベルの核戦略と核政策協議

日米間の外交・安全保障に関する協議は、日米首脳会談や通常の外交ルートによるほか、日米安全保障協議委員会（「2プラス2」）や日米安全保障高級事務レベル協議（SSC）などの公式ルートを通じて行われてきた。その中で核に関する事項は、わが国の非核三原則に基づく核兵器搭載米艦艇の寄港や米軍弾薬庫の核兵器貯蔵の問題、大量破壊兵器の拡散防止、六者会合における北朝鮮の核放棄にかかわること、あるいはＢＭＤシステムの推進とその共同技術研究などが協議されてきた。

しかしながら、これまでなされてきた協議は、装備品の導入や研究開発あるいは基地問題などの部分的なものが主体であり、肝心要の核戦略・核政策全般に関する次のような事項については、冷戦間はもちろんポスト冷戦の新たな時代においても、具体的に協議されてきた形跡は見当たらない。

①わが国に対する核攻撃や核恫喝を抑止し、それらに対処するために不可欠な日米共同戦略の構築や共同作戦計画の作成
②核危機発生時の共同抑止のための枠組み
③わが国の有事における日米共同対処、特に米国の核の持ち込みを含めた米国の「核の傘」の具体的な提供要領
④平時、危機および有事を通じた日米間の連絡調整と共同指揮組織の設置など

このあたりが、米国の「核の傘」が実態のない外交的公約に過ぎないとされる所以かもしれないし、わが国の非核三原則、そのほかの政策の制約による影響の現れなのかもしれない。その意味では日米同盟は、いまだに未成熟な段階に止まっているとはいえないだろうか。

冷戦を通じて成熟した同盟関係に成長した北大西洋条約機構（NATO）には、同盟の最高意思決定機関である北大西洋理事会（NAC）と同じ権限を有する核計画グループ（NPG）が設置され、核問題全般について審議を行うようになっている。また、NAC直下の常設理事会および常設軍事委員会の下部組織として軍事委員会（MC）および国際軍事幕僚部が置かれ、地域防衛に関する戦略方針の作成あるいは核部隊および付属機関の統括を行うなど、同盟の核政策について具体的に検討する組織や仕組みが整い、核戦略や核政策が実効性を持って機能するようになっている。

核を抑止し核に対処するためのわが国の体制をさらに強化し、国民の信頼性を一層向上するためには、NATOのように、常時あるいは定期的に日米首脳会談をはじめ、外交および防衛の公式ルートを通じ、核戦略や核政策を中心議題として協議する組織や仕組み（システム）が必要である。また、その結果を国民の目に見える形で公表していくことが極めて重要である。そうでなければ、米国の「核の傘」の実効性を高めることも、「核の傘」に対する国民の信頼を回復することもできない。

【NATOの核抑止体制】

冷戦を通じて成熟した同盟関係に成長した北大西洋条約機構（NATO）には、随時に開催される首脳級会議（NATOサミット）、通常年二回開催される外相級会議、週一回を基準として開催される常任代表級会議が行われるNATOの最高政治・軍事機関である北大西洋理事会（NAC：North Atlantic Council）を筆頭に、NATO統連合軍事機構に関する主要意思決定機関としての防衛計画委員会（DPC：Defense Planning Committee）と並列して、核政策に関する主要意思決定機関としての核計画グループ（NPG：Nuclear Planning Group）が設置されている。NPGは、核問題に関しては北大西洋理事会と同等の機能と権限を持ち、フランスを除く全NATO加盟国で構成され、国防相級会議は年二回、常任代表級会議は週一回開催され、核問題全般について継続的に審議を行うようになっている。NPGは幕僚部を有し、下部委員会として核計画上級グループ（NPG／HLG：High-Level Group）が設置されている。幕僚部は各国の常駐代表部の要員から構成され、NPGの細部業務を遂行する。NPG／HLGは米国が議長を務め各国の専門家より構成され、国際事務局の防衛計画運用部核政策課の支援を受けて年に数回開催され、核政策、核計画および核兵器の維持管理に関し検討を行いＮＰＧに対し助言を行っている。また、軍事委員会（ＭＣ：Military Committee）の下部組織としてカナダ・米国地域計画グループ（ＣＵＳＲＰＧ：Canada-US Regional Planning Group）があり、戦略核部隊の配置および防護を含むカナダ・米国地域の平和、安全保障および領土保全の維持に必要な計画の策定を行っている。（図【核関連のＮＡＴＯ組織】参照）

　このようにＮＡＴＯでは、同盟国の核政策について具体的に検討する組織や仕組みが整い、核政策や核戦略が実効性をもって機能するようになっている。

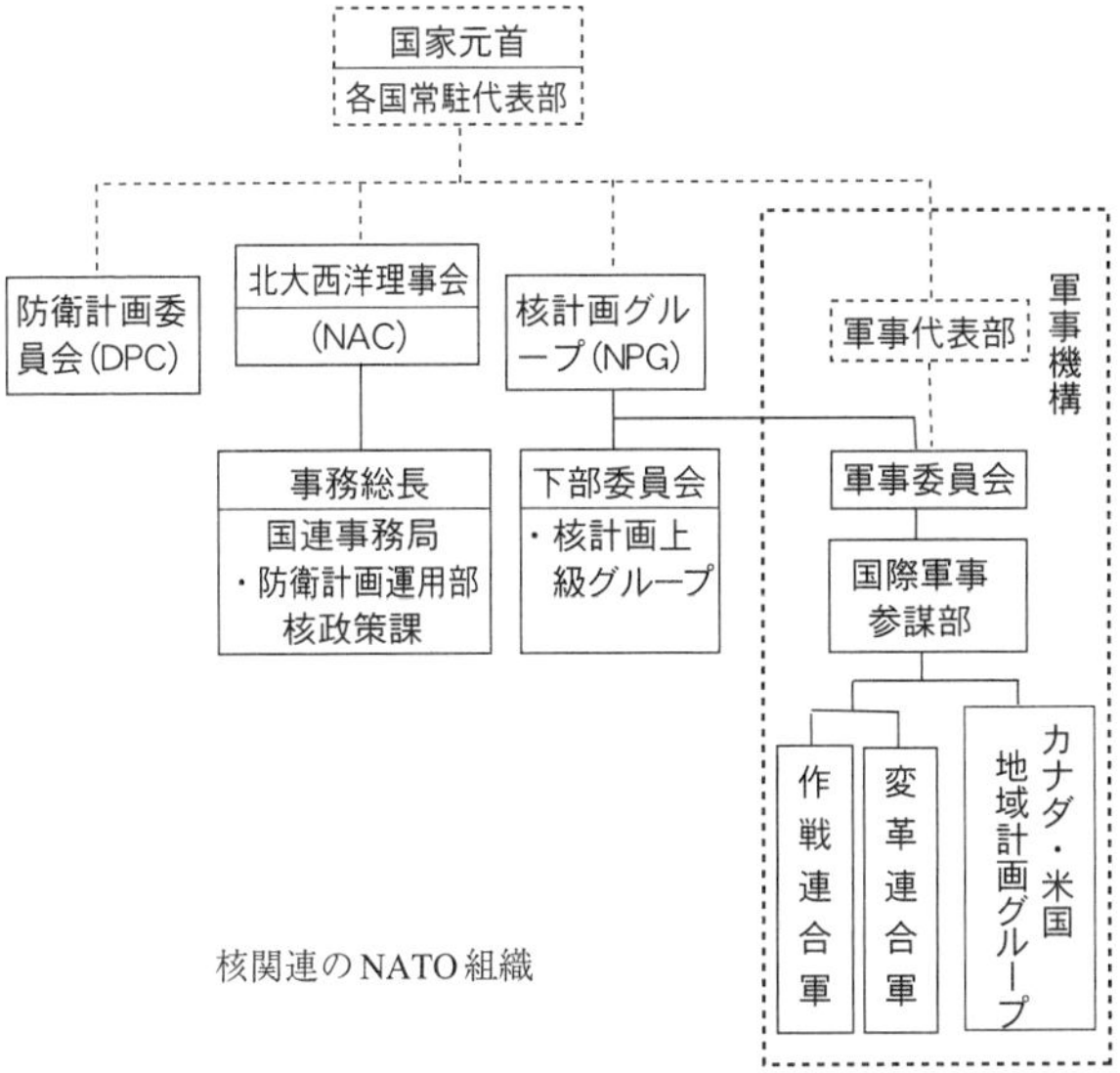

核関連のNATO組織

冷戦期の西欧各国は、米国と人種的にも一体感を持ち、第三次世界大戦への拡大が懸念されたソ連との紛争生起時でも米国民の世論は必然的に参戦へ傾くと予測されていたにもかかわらず、自国の運命を米国の意思に委ねることはしなかった。自国の防衛は最終的には自らの手で守る以外に方法はありえないという信念の下に、自らの核武装や自国領土への核兵器の配備による米国のコミットメントの保証を求めてきた。そして、冷戦崩壊後も核戦力の削減は図りつつも核の近代化を粛々と進めている。これらのことからも、核兵器の脅威に対しては核兵器による抑止が大前提であるということが分かる。このような安全保障上の原則を基礎として、日米間の核政策協議の現状を見てみたい。

イ　核防衛の日米共同戦略の構築および共同作戦計画の作成

「防衛計画の大綱（以下「大綱」）」には、「核兵器の脅威に対しては、…米国の核抑止力に依存するものとする」との一行余りの文章がある。では、この大綱の指針に基づいて、わが国の核抑止・対処に関する日米の共同研究や共同作戦計画の作成は行われてきたのであろうか。

日米間では、日米防衛協力のための指針（いわゆる「ガイドライン」）に基づき、これまで、わが国に対する武力攻撃事態、シーレーン防衛、周辺事態における対米協力支援などについて共同研究および共同作戦計画の作成がなされてきた。

防衛白書には、その際の「基本的前提と考え方」として「わが国の全ての行為は、わが国の憲法上の制約の範囲内で、専守防衛、非核三原則などのわが国の基本的な方針に従って行われる」と書かれている。また、わが国に対する武力攻撃がなされた場合（武力攻撃事態）の作戦構想では、「自衛隊と米軍は、弾道ミサイル攻撃に対応するために密接に協力し、調整する。米軍は、日本に対し、必要な情報を提供するとともに、必要に応じ打撃力を有する部隊の使用を考慮する」と述べられている。しかし、それ以外に核防衛に関連する内容の記述は見当たらない。

この「基本的前提と考え方」および作戦構想の内容から判断すると、わが国の核抑止・対処については、大綱の方針をさらに掘り下げて細部具体化した研究や計画がほとんどなされていないのではないかと推察される。すなわち、防衛白書を見る限り、わが国の核問題は、わが国の専守防衛や非核三原則、集団的自衛権行使についての憲法解釈問題等の諸制約によって検討を妨げられてきた。ガイドラインに基づく研究の場においても、あくまで現実性に乏しい問題（above reality）として真剣に取り上げられず、あるいは日米同盟の未成熟ゆえに米国からＮＡＴＯ同盟ほど重視されてこなかったなどの理由で、外交的公約を軍事戦略さらに軍事計画へと具体化する機会を失してきたのではないだろうか。

このように、わが国には核戦略は存在しないし、当然のことながら日米共同の核戦略も存在しない。しかしながら、日米間には、れっきとしたガイドラインに基づく共同研究と共同作戦計画策定の場が存在する。わが国に対する核の脅威が高まっている今日こそ、日米首脳が直ちに協議を行い、わが国への核攻撃に対する防衛をテーマとした共同研究をすみやかに開始して共同戦略を構築し、共同作戦計画等へと進化させることが必要である。またその成果に基づいて、平時から共同で抑止し対処する体制をとっておくことが極めて重要である。

このためには、従来からの安全保障の主務官庁が外務省であるかのような認識を改め、核戦略と核政策を含む軍事に関する安全保障の問題は、省に昇格して政策立案官庁となった防衛省が主導的に立案していく体制を確立し、早急に諸計画等を具体化する方向に進めなければならない。

ウ　日米の役割分担と保有能力の明確化

日米共同の体制を確立するには、日米共同研究によって、日本の核防衛のための戦略研究を行い、共同戦略を創出し、これを基に共同作戦計画の作成、共同指揮情報活動の手続きおよび共同指揮所の設置などについて具体化することが必要である。そのことによって、日米の役割分担とそれぞれが保有すべき能力を明確にすることができるのである。

現行の日米共同対処の基本方針は、ガイドラインによると「自衛隊は、主として日本の領域およびその周辺海空域において防勢作戦を行い、米軍は、自衛隊の行う作戦を支援する。米軍は、また、自衛隊の能力を補完するための作戦を実施する」とされている。この際、自衛隊の能力を補完するための米軍の作戦とは、航空侵攻に対しては「打撃力の使用を伴うような作戦」を、また弾道ミサイル攻撃に対しては「情報の提供と打撃力を有する部隊の使用」を指している。すなわち、わが国は必要最小限度の防衛力を保持して自国の防衛にあたり、その力の及ばないところ、特に打撃力については全面的に米国に依存するという構造になっている。

今後、日米共同の核戦略を構築することになった場合にも、前例にとらわれ、これまでの考え方を踏襲するところに落ち着くのではないかと懸念される。しかしながら、核の脅威は、わが国にとってまさに死活的に重大な問題であり、日米間においてより大きな役割をわが国自ら果たす覚悟が必要である。

現状では、情報能力の弱いわが国は、その多くを米軍からの「情報の提供」に頼らざるをえない。しかしながら、少なくとも中国、ロシア、朝鮮半島を焦点とした東アジア地域については、わが国が自らカバーできる情報能力を備えることが、国家としての自主的判断を助けるためだけでなく、日米共同を強化する上にも必要であり、一層の情報体制の強化が望まれる。

また、わが国に向けられた弾道ミサイルを迎撃できるＢＭＤシステムの能力は、自ら確実に保持しなければならない。しかしながら、いずれの兵器も「矛と盾」のたとえのように万能ではない。ＢＭＤシステムも「ピストルで発射された玉をピストルで射ち落とすようなものだ」といわれるように必ずしも完全ではないと考えるべきであって、敵の弾道ミサイルをすべて迎撃できる保証はない。したがって、わが国土・国民を自ら守る国家の責任を果たすためには、脅威の源を叩く陸海空統合による敵基地攻撃能力を併せ保持することが不可欠の要件といえよう。

以上は、日米共同に係る問題であるが、日本独自の問題として解決しなければならない事項もある。

北朝鮮の核攻撃は、弾道ミサイルによる経空脅威だけではなく、たとえば、漁船や貨物船に核爆弾を搭載してわが国の港湾へ入港し、あるいは原子力発電所の沖合に近づいて爆発させるケース、また、アタッシュケース爆弾のように小型化されたポータブルな核爆弾を特殊部隊や武装工作員などが隠密裏に国内へ持ち込んでわが国の政経中枢で爆発させるケースなどが生起する可能性が指摘されている。これらのケースに的確に対処するには、現行法制で欠落している「領域警備」を自衛隊の任務として明確に付与し、陸海空の立体的な領域警備の体制を一層強化することも必要である。

エ　日米共同のための機構・指揮組織

わが国のＢＭＤの進展と米軍再編の論議の中で、横田の米軍基地を日米共同で使用して航空自衛隊の航空総隊司令部を移転し、日米共同統合運用調整所を開設しようとする動きがあり、誠に時宜に適した施策といえよう。

その具体化のために参考となるのは、北米航空宇宙防衛司令部（ＮＯＲＡＤ：The North American Aerospace Defense Command）の在り方である。ＮＯＲＡＤは、北アメリカの航空宇宙領域の防衛の目的で作られた米国とカナダが共同で運営する軍事組織であり、他国からの核ミサイルや戦略爆撃機による攻撃に備え、三百六十五日、二十四時間体制で監視にあたっている。また、NORADにおける米国とカナダの協力はNATOの枠組みの中での活動であり、NATO域内における全般的な安全保障の一つの重要な要素ともなっている。

総指揮監督は米国大統領とカナダの首相が共同で行い、司令官は米国大統領およびカナダ首相により任命される。司令官（不在の場合は副司令官）は、米統合参謀本部議長を経て米国政府に、カナダ国防参謀総長を経てカナダ政府に対して責任を負う。司令官は米国軍人が、副司令官はカナダ軍人が勤め、司令官は米北方軍（責任区域：米本土、アラスカ、カナダ、メキシコとその周辺海域）の司令官でもある。そして、この司令官と副司令官は、米国内のコロラド州コロラドスプリングスにあるシャイアン・マウンテンの洞窟司令部で指揮を執っている。

この作戦センターは、米陸海空軍および海兵隊ならびにカナダ軍、合わせて二百人余の専門家で構成される統合かつ共同の組織であり、その点で世界に類を見ない特色を有している。

カナダは、作戦センターを含む米国内のNORADに約三百人強の軍人を勤務させるとともに、資金および資器材を提供している。カナダ軍人は、たとえば戦闘機の待機任務、北米警戒システム（北米大陸の北端に沿って設けられた一連のレーダー基地）の維持運用、あるいは北米における戦闘機運用を支援する前方作戦施設における勤務などのNORADの関連活動に従事している。

カナダ政府は、このように米国との共同活動に参画することにより、同国の空域を監視・防衛するための能力と国家主権を主張する権限を確保している。また、両国は、最高レベルの国防会議であるカナダ・米国防委員会（Canada-United States Permanet Joint Board on Defence)」および防衛計画の作成および軍事情報の交換に関する会議である「カナダ・米防衛協力委員会（Canada-United States Military Cooperation Committee)」をそれぞれ年二回開催している。さらに両国間では、九・一一の後に作られた自然災害やテロを含むカナダおよび米国の脅威に対し共同して対処するための非常事態計画を調整する「共同計画グループ（Bi-National Planning Group)」が設置されており、密接な外交・国防に関する協議が交わされている。このように米国はもちろんであるが、カナダにとっても、自国の防衛に関して最終決断の権限を有しつつ、それぞれの国益に最も適合する形での共同対処可能な枠組みが構築されている。

元在米日本大使館の防衛駐在武官として同施設を何度も訪れたことのある志方俊之帝京

シャイアン・マウンテンのNORAD司令部入口

内部
NOROAD（出典：NORAD WEB-SITE）

大学教授は、自己の実体験を踏まえて「カナダは米国の統合防衛組織、北米宇宙航空軍司令部（NORAD）のシャイアンマウンテンの中に当直で将校を配置している。…カナダは、米国に核のボタンを押すことを要求できるようになっていると思います。…日本もカナダのように将校がシャイアンマウンテンにでも行くべきだ」と述べている。

このようにわが国も、米国の「核の傘」に核抑止力を委ねるにあたっては、防衛省と米国国防総省の間に常駐将校団を相互派遣するとともに、米・カナダ共同運営のNORADのように日米共同指揮所あるいは日米共同情報作戦センターを日本国内に開設するなど、日米共同対処のための機構・組織を常設する必要がある。また、核戦略・核政策では、危機管理が最も重要である。この度の北朝鮮の核実験のような事態が起これば、日米両国は、当然共同の抑止行動をとることになる。この際、危機管理にあたって日米双方が迅速かつ連携した対応措置を取れる枠組み（システム）を構築しておくことも大事である。

オ　非核三原則の見直し

非核三原則は、わが国歴代の内閣が累次の答弁で表明してきた国是であり、沖縄返還にかかわる在沖縄米軍基地が国会で取り上げられたとき、佐藤首相が「本土としては、私どもは核の三原則、核は製造せず、核を持たない、持ち込みを許さない、これははっきり言っている」（昭和四十二年十二月衆議院予算委員会）と答弁したのが最初である。

またわが国は、核兵器不拡散条約（ＮＰＴ）に加入しており、条約上の非核兵器国として、平和利用は許容されているが、核兵器の製造や取得を行わない義務を負っている。加えて、わが国の原子力基本法第二条は、原子力活動を平和目的に厳しく限定していることから、核兵器を保有することはないとする政策を堅持してきた。

しかしながら、わが国の核抑止と対処を全面的に米国に依存しながら、米国の核をわが国領域に「持ち込ませず」という政策を堅持しているのは、論理矛盾も甚だしい。わが国防衛のための米空母や潜水艦、あるいは戦略爆撃機の運用上の要求による核兵器の持ち込みは、当然ながら認めるべきであり、それがわが国の核抑止および核対処力の向上に寄与するとの認識が必要である。また、米国の核のコミットメントを担保し、そのトリップ・ワイヤー（注）としての役割を果たすためにも、冷戦期にソ連のＳＳ-20に対抗して米国のパーシングⅡをヨーロッパ戦場に配備したように、米国の核、特に戦術核兵器を平時から国内に配備し、あるいは情勢の緊迫に応じて持ち込むなどの案も有力な選択肢である。また、平成十八（二〇〇六）年三月、青森県にある航空自衛隊車力分屯基地に米軍の最新型ミサイル防衛用「Xバンド・レーダー」を配備したように、米国の核防衛関連施設をわが国に建設しておくことも、わが国の核抑止・対処体制を強化する上で有効な方策である。

【トリップ・ワイヤー】trip-wire

仕掛けわな線の意味。自国に対する攻撃等に際して同盟（友好）国に軍事的な連鎖反応を行わせようとする仕組み。実際には、仕組み自体に期待される連鎖反応が情報伝達（警報）等に限られる（実際の軍事行動までには至らない）場合もある。

例としては、冷戦期の西独におけるNATO軍の前方配備、朝鮮半島における在韓米軍のソウル以北への配備等がある。在韓米軍の再編や米韓連合軍に対する戦時の作戦統制権の韓国への移管などが進むと、トリップ・ワイヤー機能が弱まり、抑止効果が減少することが懸念される。

（二）わが国の防衛体制の見直し

ア　集団的自衛権の行使

日米安保体制は、「米国は日本を助けるが、日本は米国を助ける義務はない」という極めて片務的な同盟関係にあるのがその実態といえる。

強固な同盟関係を成り立たせるには、①価値の共有、②負担の共有、③利益の共有、そして④リスクの共有の四要件が不可欠といわれている。日米同盟は、①〜③までは大筋で上手くいっている。しかしながら、④のリスクの共有については、米国にはその義務を求めながら、わが国は責任を回避する極めて一方的なものであって、同盟の基盤に致命的影響を及ぼしかねない重大な問題であると指摘されてきた。その元凶は、「わが国は、国際法上、集団的自衛権を有しているが、その行使は、憲法上許されない」とする政府の統一見解にある。

たとえば、わが国がＢＭＤ能力を保有した場合、自国に向けられた弾道ミサイルは自衛権を根拠に撃墜できることは当然であるが、わが国は集団的自衛権を行使しないため、上空を通過して米国へ飛翔する弾道ミサイルを撃墜できない、あるいは弾道ミサイル防衛のために公海上で共同行動している米艦艇が攻撃されても、一緒にいる自衛艦が米艦艇を守るのは憲法上許されない、といったおかしな論議がまかり通っている。これら集団的自衛権の行使は憲法の許容範囲を超えるものとする解釈は、単に内閣法制局によるものであり、裁判所の判決等に見られる有権的解釈ではない。したがって、法制局の憲法解釈を見直すことはいつでも可能なはずである。

米国は、わが国にとって唯一の同盟国である。有事にわが国を助け、守ってくれるのは、世界広しといえども、米国をおいてほかにはありえない。そして、核兵器を持たないわが国は米国の「核の傘」にその命運を全面的に依存している。その日本が、わが国防衛に駆けつけた米軍を守らない、守れないのでは同盟関係が成り立つはずはない。結局、わが国は自らの手で自らの手足を縛って死活的な国益を自ら損ねるばかりでなく、日米同盟の協力関係もまた大きく損ねているのである。

米国防大学国家戦略研究所は、ブッシュ政権誕生前の平成十二（二〇〇〇）年十月に、ブッシュ政権の安全保障政策を先取りする形で「強固な日米の同盟を創出する課題を提供する」目的を持った特別報告書、いわゆる「ナイ・アーミテージ報告書」を公表した。この報告書は、共和党や民主党の枠を超えた日米専門家が関与し、かつその一部の専門家がブッシュ政権に入ったため、その後の対日安全保障政策の基盤を提供すると考えられてきた。同報告書は、「米国のアジア政策の要石である日本との同盟関係を、米英間の特別な関係と同じような関係にしたい」と述べ、集団的自衛権の行使を禁じているわが国の政策が、日米同盟上の協力を行う上で制約になっていると断言し、日本人の英知により集団的自衛権の行使ができるよう、政策の変更を強く希望していた。

わが国は、湾岸戦争に際し、集団的自衛権にかかわる問題をあいまいにしたまま、国際平和協力法の制定により、国連ＰＫＯや国際的な人道援助のために自衛隊の海外派遣を可能にした。その後、対テロ特別措置法を制定してインド洋におけるアフガニスタン多国籍軍に対する給油等の支援を実施し、さらにイラク特別措置法を制定してイラク多国籍軍の一員としてイラクのサマーワ地方の復興支援活動を行った。しかしながら、従来の集団的自衛権行使にかかわる政策については、変更することは無かった。

北朝鮮による相次ぐミサイル発射、核実験など北朝鮮の核の脅威が差し迫る中、わが国は国連安保理事会における北朝鮮経済制裁決議（安保理決議一七一八）に基づく船舶検査の実施義務等を負った。このような国民の理解を得やすい今日の情勢を好機ととらえ、集団的自衛権の行使を認める政策変更へのすばやい決断を期待したい。わが国の集団的自衛権容認は米国のブッシュ政権も強く期待しているところであり、米国の「核の傘」の信頼性も大はばに向上するであろう。

平成十九（二〇〇七）年四月二十五日、安倍首相は、集団的自衛権行使の事例研究のための有識者懇談会の設置を発表した。同懇談会は、五月十八日に初会合を開催し、集団的自衛権行使の事例として、①米国を狙った第三国のミサイルをわが国のＢＭＤシステムで迎撃すること、②公海上で付近にいる米艦船が攻撃された場合に自衛艦が攻撃側に対して反撃すること、③多国籍軍に対して武器弾薬等を後方支援すること、④国連ＰＫＯの任務遂行中に武器による妨害行為を排除すること、の四類型に限定した検討を開始した。その秋には結論を出す予定になっていたが、平成十九（二〇〇七）九月十二日の安倍首相の突然の辞任、政局の混乱、そして十月二十六日の福田政権の誕生により、うやむやになってしまった。

安倍首相は、日米同盟を強化する視点から集団的自衛権の行使にかかわる政策を変更しようとしていた。また首相は、憲法を改正して集団的自衛権問題を抜本的に解決することを目指す一方で、現行憲法下での集団的自衛権の限定的行使の容認について有識者懇談会の結論に期待していたと思われる。有識者懇談会をもって、限定的な事例ではあるが集団的自衛権行使について検討が開始されたことは、法制局の憲法解釈を見直す機運を醸し出したという点において評価されるが、福田政権になって中断してしまった。この有識者懇談会をすみやかに再開し、審議を促進して早急に結論に達することが切に望まれる。

イ　危機管理と抑止の概念の確立ならびにその法的制度化と運用体制の整備

わが国の有事法制には、平時と有事の概念は存在するが、危機管理（Crisis Management）や抑止（Deterrence）の概念が希薄である。

これは、現行の防衛法制、なかでも自衛隊の行動と権限について規定している「自衛隊法（以下、「隊法」）」を見れば明らかである。隊法には、防衛出動（第七十六条）の「わが国に対する外部からの武力攻撃が発生した事態または武力攻撃が発生する明白な危険が切迫していると認められるに至った事態に際して…」と、防衛出動待機命令（隊法第七十七条）の「防衛出動命令が発せられることが予測される場合において、これに対処する必要があると認めるときは、…」との二つの事態が示されている。だがこの二つの事態は、ともに「有事」としてまとめられる内容であり、それを分割して説明しているに過ぎない。すなわち、わが国には平時とここで述べられている有事の二つの事態区分しか存在しないということである。

しかしながら、核戦略について論議する場合、平時から有事に至る間のグレーゾーン（危機時）の段階における危機管理や抑止の概念なくしては語ることができない。

昭和三十四（一九五九）年十月二十二日にはじまった「キューバ危機（Cuban Crisis）」は、

その代表的な歴史的事例である。

米国大統領ジョン・F・ケネディは、ソ連が米国を攻撃しうる核弾頭を備えたミサイル基地をキューバに建設中であることを知り、これを世界中に公表し、ソ連にミサイルおよび同基地の撤去を求めると同時に、ソ連からキューバへのミサイル搬入を阻止するために海上封鎖を命じた。ソ連はこれを拒否し、ミサイルを積載したソ連の船舶はキューバへの航行を続け、同時に同盟国キューバも臨戦態勢に入った。これに対し、米国はキューバからの攻撃があった場合にはソ連による攻撃とみなして報復すると声明を出した。そのことによって米ソによる核全面戦争の危機が一挙に高まり、世界の終末までが囁かれる事態へと発展した。この間、ウ・タント国連事務総長や中立諸国の首脳が積極的に動き、また米ソ間でも文書の交換など水面下で危機回避の努力がなされた。十月二十八日、ソ連のフルシチョフ書記長は譲歩してソ連船舶に引き返すよう命じるとともに、米国がキューバを攻撃しないことを条件にミサイル基地の撤去を約束し、米国もこれに応じて海上封鎖を解除した。その後、この危機を契機として、一九六三年には米ソ間のホット・ラインが開設され、次いで部分的核実験停止条約（PTBT）が成立するなど、米ソの平和共存とデタント（緊張緩和）が進展することとなったのである。

冷戦後期の欧州正面では、ソ連のＳＳ-20の配備によって脅威を受けたＮＡＴＯ戦域に米国はパーシングⅡを対抗配備し、最終的にソ連のＳＳ-20の撤去に成功したケースもある。

このように、核戦略において、平時は、危機の発生を未然に抑止することがその中心的課題である。しかし万が一、危機が発生した場合には、エスカレーション・ラダー（危機レベルの段階的拡大）の理論に基づき、多角的な選択肢を駆使して危機が全面戦争へと拡大することを抑止するとともに、危機を努めて低いレベルに抑制しつつ、平和な状態に回復する努力が不可欠である。このためには、危機管理と抑止の概念を確立しておかなければならない。しかし、隊法をはじめとする現行の有事法制にはこの点が欠落しており、国家として、平時から危機時、そして有事へと変化する情勢に応じた段階的かつ一貫性ある対応措置をとっていく体制が整備されていない。このため、現在制定が検討されている「安全保障基本法（仮称）」などにこの概念ならびに危機時の対応の手続きや基本的な対処指針などを規定しておくことが必要である。

また、キューバ危機がはじまった十月二十二日に、ケネディ大統領は緊急の国家安全保障会議を招集し、中央情報局（ＣＩＡ）長官に状況を説明させ、関係閣僚等と鳩首討議して大統領の方針を提示し、出席者全員がその方針を支持して行動を起こしたのであった。

わが国では、内閣総理大臣を議長として、関係閣僚等によって組織された安全保障会議が内閣に付置されている。しかしながら、重要緊急事態の兆候把握、あるいは危機管理や対処の基本方針を決定するための状況判断に資する国家の情報力が極めて弱体である。特に、米国のＣＩＡに相当する国家情報機関がない上に、各省庁に分散している情報を集約一元化するシステムは不十分であり、情報収集体制、特に偵察衛星やヒューミント（ＨＵＭＩＮＴ：Human Intelligence 人を介する情報収集手段）も極めて限られている。また、会議の構成メンバーが多く、かつ会議体をもって審議し、あるいは事態対処専門委員会がお膳立てした議事内容を承認・批准する形式になっており、軽快機敏性や機動性に欠ける。このため、突発的な危機、武力攻撃事態、大規模災害、あるいは想定外の特殊事態などに迅速に対応して、的確に意思決定ができるのか疑問に思わざるをえない。あわせて、最高の軍事専門家である統合幕僚長は本会議の正式メンバーではなく、関係者として必要のつど出席させる取り決めになっているにすぎない。

このため、安倍首相は、平成十八（二〇〇六）年十一月に有識者会議「国家安全保障に関する官邸機能強化会議」を設けて日本版「国家安全保障会議（ＮＳＣ）」創設に向けた検討を開始した。数度にわたる審議の結果、平成十九（二〇〇七）年二月二十七日の会議において、①メンバーは首相、官房長官、外相、防衛相の四人、②今国会で安全保障会議設置法改正を要請、③秘密保護強化のため情報漏えいを厳罰化する新規立法が必要、④外交・安保の重要事項の基本方針、複数省庁にかかわる重要政策、重大事態対処の基本方針を審議、⑤防衛計画大綱、武力攻撃事態などに限り、財務相、国土交通相、経済産業相、総務相、国家公安委員長が加わる、⑥国家安全保障問題担当の首相補佐官を常設しＮＳＣに必ず出席、首相と緊密に意思疎通、⑦事務局は十〜二十人とし自衛官や民間専門家も積極活用、を骨子とする結論を答申した。

この結果は四月三日に自民党の了解を得、同六日には閣議決定され、安全保障会議設置法改正案として国会に提出されるはずであった。ところが、安倍首相に替って政権の座についた福田首相は、十二月二十四日の安全保障会議で「ＮＳＣ関連法案は今国会には提出しない（廃案とする）。内閣官房の準備室も廃止する」ことを決めた。この決定は、改善の兆しの見えてきたわが国の危機管理体制を、大きく後退させることになった。

危機管理能力を高めるために、現行の安全保障会議の組織や構成メンバー、あるいは会議の運営要領などを見直し、早急に大胆な改革を行わなければならないことは明白である。そして、この改革にあたっては、単に安全保障会議設置法の改正に留まることなく、情報機能および秘密保護等の強化に必要な措置を講ずることが不可欠である。

しかし、この問題の本質は、国家の危機および非常時において迅速に対処方針を決定するための体制をどうするかということである。この問題の解決のために最も重要なことは、憲法または安全保障基本法等で国家の非常時における国家最高意志決定権者が内閣総理大臣であることを明確にし、平時から必要な情報が集まる体制を整備することである。その上で、安全保障会議は合議制の会議ではなく、当面の時々刻々変化する情勢に応じて国家最高意志決定権者の諮問に答え、その迅速かつ的確な決定を行う機関であることを明確にする必要があろう。

有識者会議「国家安全保障に関する官邸機能強化会議」の結論は、概ね必要な要素が入っているように見えるが、最も重要な次の二つの事項について、明確にする必要がある。

その第一は、総理大臣の国家最高意志決定権者としての立場の明確化と万一の場合の代理者の規定（一人ではなく継承順位を指定した複数）の指定である。しかしこの問題は、国家の基本法にかかわる事項であるため、今後の憲法論議等の中で解決していかざるをえないであろう。

第二は、会議のメンバーに制服の軍事専門家である統合幕僚長を常任の正式メンバーに加えるということである。前記のＮＳＣ構想の中には安全保障担当の首相補佐官の常設という条項はあるが、これは軍事専門家というよりは内政、外交、国防のすべてを総括した幅広い意味での安全保障の観点からの補佐者であり、軍事（国防）の専門家を意味していない。また、「事務局メンバーへの自衛官の活用」ということも言っているが、これは単なる事務処理段階での軍事専門知識の活用であり、国家意志決定への制服軍事専門家の参画とは次元の違う内容であろう。新たに企画されているＮＳＣを有事に間違いなく機能する組織とするためには、軍事専門家の最高位にある統合幕僚長を会議の常設メンバーに加える必要があり、すくなくとも前記⑤防衛計画大綱、武力攻撃事態などに限った参加メンバーの中には必ず入っていなければならない。

ちなみに、主要国の安全保障の政府中枢には、必ず制服の軍事専門家が入っている。それにもかかわらず、わが国のみがＮＳＣに制服の軍事専門家を参加させようとしないのは、わが国の文官は軍人と同等の能力があると考えているからなのだろうか。他国は文官のみで安全保障にかかわる危機に対処しようとするわが国の体制を見た場合、日本の文官は秘密裏に軍事的教育を受けているのではないかと勘ぐるか、もしくは日本のやり方を侮るに違いない。

実際にＰＫＯ派遣国に視察に行った文官（外務省の職員）が、担当する外国軍人から、「君は、斯《か》く斯《か》くの軍事的事象に遭遇した時にそれがどういう事か分かるのか」と質問を受け、即座に「軍事的知識は、何カ月で得ることができますか」と応えて、ひんしゅくをかったと聞いている。外務省職員は自分達の職務は経験が必要だとして、大使には外務省以外の者はほとんど起用しないにもかかわらずにである。

ウ　国家の情報機能の強化

情報収集能力に関して「四対七十二」という数字があるが、これは何を意味するのかごぞんじだろうか。

「四」はわが国の情報収集衛星の数で、「七十二」は米国の偵察衛星の数である。わが国は数量にして米国の十八分の一、米国の偵察衛星の分解能は十五センチ、わが国の情報収集衛星の分解能は約一メートルであり、質量ともに日米の力の差は比較にならないほど歴然としている。それがわが国の情報収集能力の厳しい現実である。そして、本来なら「偵察衛星」と呼ぶべきところを「情報収集衛星」といわざるをえない、歪んだわが国の国情を雄弁に物語ってもいる。

かつて、中曽根康弘氏が総理大臣のころ、専守防衛で軍事小国の日本は「ウサギの長い耳」を持つ必要があると説いて、情報の重要性を訴えたことがある。国家の防衛にとって軍備と情報は車の両輪であり、「戦わずして勝つ」ためには情報・諜報がいかに重要であるかは孫子の兵法書でも強調されている。しかしながら、軍国主義と戦前の行き過ぎを非難されることへの過剰な反省から、このことが戦後のわが国では無視され、軽視されてきた。

その結果、わが国の防衛、特に核抑止・対処体制の観点から、次のような情報上の重大な問題点を抱えることになった。

①国家の安全保障・国防にかかわる総合的な情報機関がない。
わが国の安全保障あるいは国防に関する最重要問題を審議する「安全保障会議」に専属する、米国のＣＩＡのような国家の情報機関がない。
②情報収集機能、特に対外情報収集機能が弱体である。
ｉ　対外情報を収集する専門機関がない。
ⅱ　ヒューミントが極めて弱体である。

iii「宇宙の平和利用」の国会決議によって、情報収集衛星など宇宙の利用が列国と比較して極端に遅れている。

③情報と表裏一体の国家の情報保全体制（国家秘密保護法、スパイ防止法などの制定）が欠落している。

④国家としての情報要員養成の専門機関がない。

これらの問題点を解決し、わが国の核抑止・対処体制を強化するためには、次の四つの施策が特に必要である。

その第一は、安全保障会議に専属の情報機関を設置することである。

この組織は、安全保障会議の行う情報要求の発出を補佐し、出された情報要求に即応できる情報収集手段を準備し、それらを運用して必要な情報資料を収集する。そして、収集した情報資料を分析・評価し、国家最高意志決定権者にとって価値ある情報を適時に提供できる機能を備えた総合的な情報機関でなければならない。もし、独立した情報機関が創設できない場合は、内閣情報調査室、内閣衛星情報センター、防衛省、外務省、警察庁、公安調査庁などいわゆる国家の情報コミュニティーを束ねて、各情報機関の情報を強力に集約一元化する仕組み（システム）を構築することが必要である。

第二は、ヒューミントの強化である。

イラク攻撃時、米軍がＣＩＡ等の潜入・潜伏工作員や現地人のもたらす敵基地に関するピンポイント情報に頼ったように、特に、敵基地攻撃能力を発揮するためには、正確かつタイムリーな対外情報収集手段としてのヒューミントは不可欠である。

第三は、安全保障・国防のための宇宙利用の容認である。

「宇宙の平和利用」の国会決議を改め、わが国の安全保障あるいは防衛のため、自衛隊による地上部隊や弾道ミサイル基地などの監視、通信、あるいは通信傍受などの宇宙利用を認めることが必要である。

第四は、情報保全体制の確立である。

本件については、本章（三）「わが国の国内体制の整備」のウ項「国家秘密保護法とスパイ防止法の制定」で詳しく述べる。

以上のような施策を行うにあたっては、わが国の情報収集能力を全世界へ広げることができれば、この上ないことである。しかし、それには多額の予算、長い時間、そして多大の努力が必要であろうし、日本の意図について米国をはじめ世界の主要国に猜疑心を抱かせる恐れもある。そこで、わが国としては当面の焦点である北朝鮮の脅威、あるいは中長期的な脅威と考えられる中国とロシアを含む東アジア地域を中心とした情報体制の整備を優先することである。そのことが、日米安保体制の強化につながり、ひいてはわが国の国際的な地位・役割を一層高めることになるのである。

【わが国の宇宙利用について】

わが国は、一九六七年に宇宙条約を批准する国会審議の際、宇宙の「平和的利用」は「非軍事的利用」を意味しないと説明されたが、翌年、科学技術庁長官は、「平和的利用」は原子力の平和的利用と同じに「非軍事的利用」を意味すると言明した。ちなみに、「平和的利用」の国際社会に共通する解釈は、宇宙空間から地球を攻撃しないとする「非侵略的利用」である。わが国は、それ以来今日に至るまで、「非軍事的利用」原則に厳格に従っており、安全保障政策立案の際に宇宙インフラの利用をまったく考慮に入れてこなかった。

自衛隊は、長い間、受動的支援システムとしての人工衛星の利用を認められなかったが、政府は、ようやく一九八五年になって、「平和利用」の解釈を少し変更し、利用が「一般化」している衛星やそれと同様の機能を有する衛星について自衛隊の利用を認めるとした。それ以降自衛隊は、一般に利用されている衛星として、広範囲の情報収集のためランドサット衛星を、硫黄島との連絡に通信衛星を、カンボディアPKOでの活動に際してインマルサット衛星を利用してきた。

その後、一九九八年の北朝鮮によるテポドン発射実験を契機に、わが国政府は、四機の情報収集衛星を二〇〇二年までに打ち上げることを決定した。このとき政府は、かかる情報収集衛星の主要目的が、積極的な平和外交を推進するための情報収集にあり、ミサイルの準備や発射という軍事情報の収集ではないと繰り返し表明した。しかし、かかる衛星打ち上げは、日本の安全保障政策に宇宙インフラを利用した点で画期的なことであったといえよう。

わが国は北朝鮮の核ミサイル脅威に対抗するためにBMDの採用を決定したが、BMDを効果的に運用するためには、発射の準備段階から発射に至るまでの情報をリアルタイムで把握することが極めて重要であり、これを可能にする早期警戒衛星の保有が不可欠である。しかるにわが国は、宇宙開発利用の「一般化」論に抵触するため、早期警戒衛星を保有できない状況に甘んじている。

わが国は、これまで三つの機関が航空宇宙技術開発を個別に行ってきたが、二〇〇三年にこれらを統合し宇宙航空研究開発機構（JAXA）を設置した。二〇〇四年には内閣総理大臣が指揮する総合科学技術会議が、日本の宇宙開発利用に関する基本戦略を発表した。同報告書は、わが国が独自に人工衛星を打ち上げる能力を有することは安全保障上不可欠であり、衛星による情報収集、伝達、分析能力は、わが国の安全保障上非常に有効であることから、「平和利用」原則の解釈を再検討することを求めている。

ＪＡＸＡ設置後のわが国の宇宙開発利用政策の転換は、次の二つの方向性が打ち出されたといえる。すなわち、①宇宙産業育成と宇宙開発技術を促進するための国家プロジェクトの促進、および②宇宙の「平和利用」原則の見直しと宇宙インフラを安全保障に活用することの方向性である。しかし、安全保障分野も含めた宇宙開発利用を、ＪＡＸＡが一元的に推進することは極めて問題である。国家安全保障にかかわる機関は、機密保持が極めて重要であり、そのような組織は通常、研究職員、技術職員、事務職員、役務職員の意識調査、思想調査、行動調査を行い、職員のセキュリティレベルを維持しなければならないからである。この点において、現在のＪＡＸＡでは、一般的な産業技術情報保全以上のことはなされていないはずであり、国家安全保障全般の観点からの機密保持がなされないという問題がある。

したがって、安全保障にかかわる宇宙インフラの開発利用については、防衛産業と自衛隊が密接な協力関係を維持するとともに、自衛隊に宇宙司令部を設置して、衛星の打ち上げから衛星情報の分析に至るまでを担当させるよう考慮する必要がある。さらに、日米安保体制を信頼あるものとするためには、宇宙インフラ運用部隊は、米国のセキュリティレベルに合致したものでなければならない。

自由民主党は、遅ればせながら二〇〇六年、宇宙開発利用を促進するために「宇宙基本法」案を作成し発表した。同法案は、省庁間の縦割り行政を排除し、宇宙開発利用を国家戦略として推進するために、首相を本部長とする「宇宙開発戦略本部」を内閣に設置することを提案している。同年に経団連は、宇宙開発の重要性を訴え、わが国が宇宙開発利用とどのようにかかわっていくかについて産業界の意見をまとめた報告書を発表した。

同報告書は、「平和利用」原則の解釈の見直しに対応して、総合的安全保障の観点から、的確かつ効果的な情報収集、通信手段としての衛星の開発利用の検討、自在な打ち上げができる設備、環境の整備を進める必要性を指摘している。これまで、わが国は「宇宙の平和利用」については「非軍事」とし、自衛隊の通信や偵察のための衛星利用を厳しく制限し、その促進を遅らせてきた。本来なら「偵察衛星」であるが、非軍事を装うために「情報収集衛星」と呼んでいるのも、その一例である。わが国が批准している「宇宙条約」は、その平和利用を掲げ、宇宙に大量破壊兵器を配備しないよう定めているが、衛星による地上監視などは何等の制限もない。世界各国が衛星の開発・利用に凌ぎを削っている現状を冷静に観るならば、わが国も、「宇宙基本法（仮称）」を制定し、安全保障体制の強化など宇宙開発に本腰を入れて取り組む時である。

エ　弾道ミサイル防衛（ＢＭＤ）システムの前倒し導入と日米共同技術研究の促進

世界的な核を含む大量破壊兵器や弾道ミサイルの拡散、特に北朝鮮のミサイル発射と核実験を受けて、わが国もその対応を急いでいる。

防衛白書（平成十八年版）によると、わが国におけるＢＭＤへの取り組みは、一九九〇年代半ばのＢＭＤシステムに関する情報収集と研究からはじまり、平成十一（一九九九）年からは将来装備品の日米共同技術研究に着手する一方、平成十六（二〇〇四）年から装備化を開始している。そして、平成十八年度末に最初のペトリオットＰＡＣ-3の導入がはじまった。当面の具体的な整備計画は、平成二十三年度までに、以下の装備の整備とそれらを指揮・通信システムで連接したシステムを構築することを目標としている。

①ＢＭＤ機能付加イージス艦四隻
②ペトリオットＰＡＣ-3十六個ＦＵ（Fire Unit：最小射撃単位、ＰＡＣ-3の場合は高射隊）
③ＦＰＳ-5（従来の航空機などの経空脅威と弾道ミサイルの双方に対応できるレーダー）四基
④ＦＰＳ-3改（従来レーダーの能力向上型）七基

北朝鮮の核実験と弾道ミサイル開発の著しい進展を踏まえて、米軍は平成十八（二〇〇六）年八月末、ＳＭ-3を搭載したイージス艦「シャイロー」を横須賀基地に配備するとともに、沖縄の嘉手納基地にはPAC-3を移駐して弾道ミサイルに対する備えを強化した。

一方、わが国では、防衛省が、「当面の具体的な整備計画」を見直し、目標を前倒しして弾道ミサイルの迎撃体制を早期に確立しようと試みている。その内容は、イージス艦「こんごう」へのSM-3配備を平成二十年三月末から約三ヶ月早めて、平成十九年十二月末とし、平成一九年十二月十七日にはハワイ沖でミサイル発射試験に成功した。また、FPS-5を実用試験から実戦運用へ切り替え、首都圏に配備予定の四基のPAC-3のうち、一期の配備時期も十九年度末に繰り上げている。

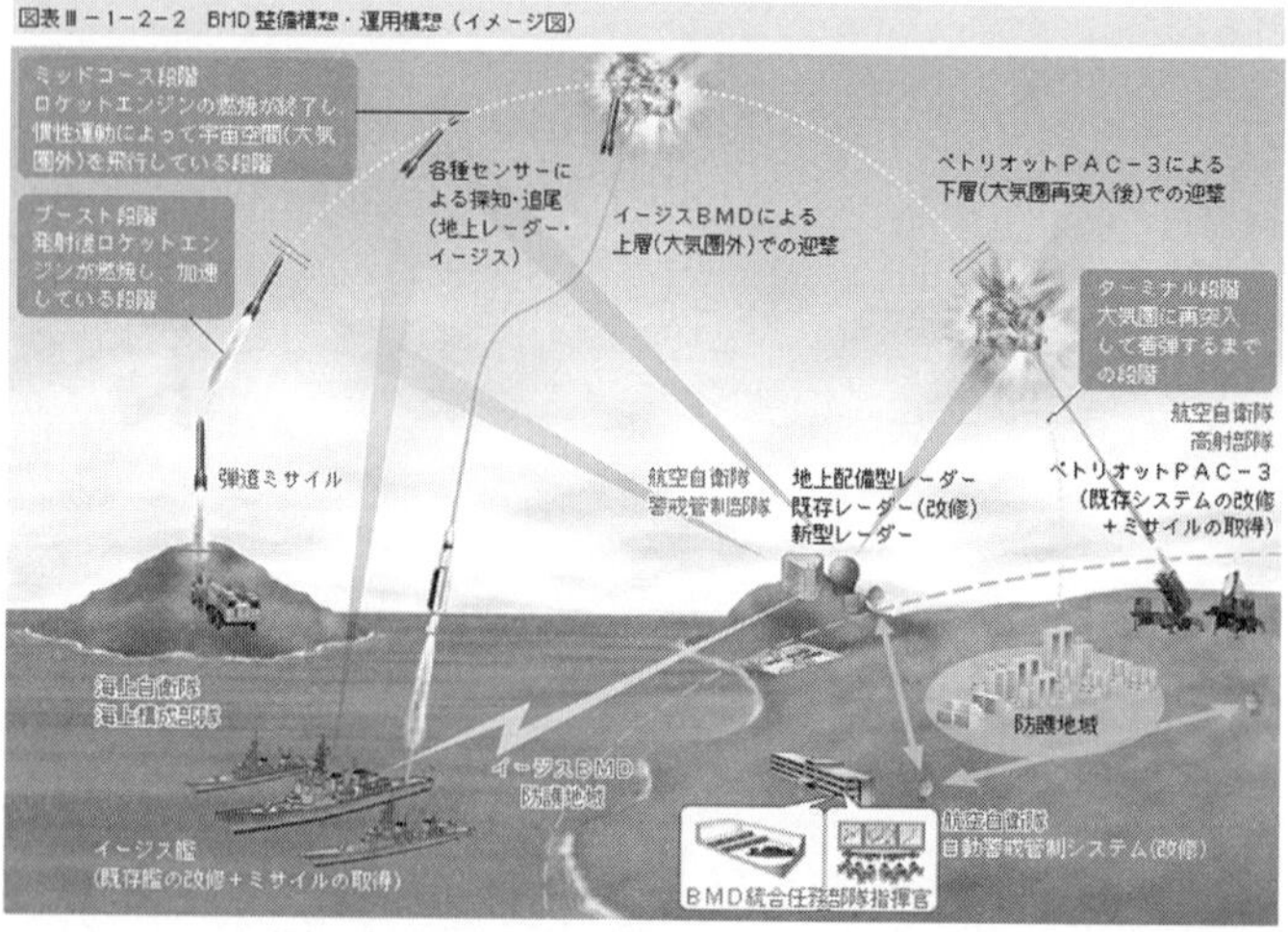

日本のBMD構想（出典：19年版防衛白書）

イージス艦「こんごう」
（出典：海上自衛隊HP）

ペトリオットPAC-3ミサイル発射の瞬間（出典：19年版防衛白書）

19年12月17日ハワイ沖での「こんごう」からのSM-3発射の瞬間（出典：防衛省HP）

運用試験中のFPS-5（開発試作機）レーダ（出典：19年版防衛白書）

しかし、これほど急務となっているＢＭＤシステム整備計画の前倒しも、当初計画と比較してせいぜい一年程度であり、思うように進展しそうにない。その原因は、わが国の予算と米側の生産能力の制約にあるといわれている。

そこで、問題とされるわが国の予算の制約について、分析してみることにした。

(ア) 防衛計画の大綱と自衛隊―最低水準を切ったわが国の防衛力―

平成十六（二〇〇四）年十二月十日に閣議決定された「平成十七年度以降に係る防衛計画の大綱」（以下「現大綱」）に先立ち、約一年前の平成十五年十二月十九日、「弾道ミサイル防衛システムの整備等について」が閣議決定されている。この閣議決定によって、事実上、現大綱の焦点であるＢＭＤシステムの整備（装備化）がスタートしたと考えてよい。その中に「経費の取り扱い」という項目があり、「ＢＭＤの整備という大規模な事業の実施に当たっては、……自衛隊の既存の組織・装備の抜本的な見直し、効率化を行うとともに、わが国の厳しい経済財政事情等を勘案し、防衛関係費を抑制していくものとする…」という、その後のわが国の防衛のあり方を左右する極めて重大な取り極めがなされている。

前大綱（「平成八年度以降に係る防衛計画の大綱」）は、昭和五十一年十月に出された防衛計画の大綱（「昭和五十二年度以降に係る防衛計画の大綱」）に取り入れられた「基盤的防衛力構想」を踏襲したものである。すなわち前大綱は、「わが国に対する軍事的脅威に直接対抗する（「脅威対抗論」）よりも、自らが力の空白となってわが国周辺域における不安定要因とならないよう、独立国としての必要最小限の基盤的防衛力を保有する」という考えの下に策定されたものであった。

【脅威対抗論】　わが国に予想される外国からの脅威に対し、これに対処するために必要な防衛力を目標として防衛力整備を行うべきであるという考え方で、その際、わが国に必要な防衛力を「所要防衛力」と呼んでいる。

一方、現大綱は、「大量破壊兵器や弾道ミサイルの拡散の進展、国際テロ組織の活動等の新たな脅威や平和や安全に影響を与える多様な事態への対応が課題となっている今日の安全保障環境に鑑み、前大綱に代えて、…決定された」ものである。

前大綱の趣旨からすると、いかなる時代、いかなる情勢下にあっても、独立国として最小限保持しなければならないのが基盤的防衛力である。その上に、新たな脅威や対応しなければならない多様な事態が出現した場合には、基盤的防衛力に上乗せして必要な防衛力を整備強化するというのが、本構想の基本的な考え方である。たとえば、現在課題となっている大量破壊兵器や弾道ミサイルの脅威に対抗するＢＭＤシステム整備の予算は、基盤的防衛力整備の予算にプラスし、その別枠で確保しなければならない訳である。

しかしながら、現大綱では、「弾道ミサイル防衛システムの整備等について」（平成十五年十二月十九日　各議決定）の「経費の取り扱い」が明示している通り、これまで基盤的防衛力を整備してきた防衛関係費をさらに圧縮しつつ、その枠内で新たにＢＭＤシステムを追加整備することとされたのである。

以来、前大綱の基盤的防衛力構想は崩れ去り、長年にわたって営々と整備されてきた基盤的防衛力は、防衛関係費全体の抑制とＢＭＤシステム整備の所要によって圧縮削減され、そのぶん縮小・弱体化してきた。そして、現在のわが国の防衛力は、八七頁の表「前大綱（「基盤的防衛力構想」）と現大綱の防衛力比較―陸上自衛隊の場合―」が示すように、独立国として保有すべき必要最小限度の防衛力として設定された前大綱の水準を相当下回るレベルにまで落ち込んでしまった。さらに、前々大綱（五一大綱）と比較すると、たとえば陸上自衛官の定数は二万五千人削減され、戦車や火砲がおよそ半減するなど陸上自衛隊の戦力は大きく削減されてきている。わが国に対する周辺諸国からの脅威が高まり、国の内外で対応しなければならない事態が多様化して自衛隊の任務は拡大し、その役割がこれほどまでに大きくなっている情勢にある。それにもかかわらず、わが国の防衛力は年々歳々下方修正されていることに驚くとともに、日本防衛の危機を切実に感じざるをえない。

また、ＢＭＤシステム自体の整備を前倒しすればするほど、既存の防衛力整備が反対に圧縮されて空洞化に拍車をかける構造になっており、ＢＭＤシステムの強化が迫られてもその急速な達成がなかなか難しいというジレンマを抱え込んでしまったことにも首を傾けざるをえない。

現大綱の数値は、その後の中期防衛力整備計画で若干の見直しがされているが、防衛力の削減傾向には大きな変化はない。それでは、なぜ、独立国として必要最小限の防衛力であるはずの基盤的防衛力の水準を切るような事態が容認されるのであろうか。また、現大綱が基盤的防衛力構想の前大綱を反故にしてＢＭＤシステムの整備（装備化）を重視して策定されたとしても、なぜ、このような八方ふさがりのじり貧状態に陥ってしまったのだろうか。その原因は、次に述べる財政主導の防衛政策にあるといえる。

(イ) 財政主導による防衛政策の制約

結論を先に述べると、わが国の防衛上の必要性に基づいて防衛関係費を決めるのではなく、逆にわが国の財政事情を優先し、その財政事情に合致するように防衛のあり方、すなわち防衛構想あるいは防衛力の規模を定めたからにほかならない。

このように指摘する理由は、すでに述べた通り、現大綱の焦点である「弾道ミサイル防衛システムの整備等について」の閣議決定が現大綱策定に先立って行われたことに端的に示されている。その中で、政府としてＢＭＤシステム整備（装備化）の意思決定を先行的に行ったが、その実現のために自衛隊の既存の組織と装備、いわば「基盤的防衛力」を縮小・削減するとともに、防衛関係費を抑制するという異例の取り極めがなされた。すなわち、これまで基盤的防衛力を目標に整備してきた防衛関係費をさらに圧縮しつつ、その枠内で新たな所要となるＢＭＤシステムを追加整備するとされた。

現大綱は、上記の取り極めを既定方針としてその財政的縛りの中で作成され、約一年後に安全保障会議を経て閣議決定に至ったものである。この事実が、わが国の防衛政策の決定が財政主導で行われていると指摘する論拠の一つである。

いま一つは、防衛政策の内容そのものが財政的事情によって厳しく制約され、現大綱の

「防衛力の在り方」を大きく歪めている点である。

ちなみに、前大綱では、防衛力の役割は、①「わが国の防衛」、②「大規模災害等各種の事態への対応」、③「より安定した安全保障環境の構築への貢献」の順に記述されていた。なお、「わが国の防衛」という言葉は、いわゆる「国土防衛」と同じ意味で使用されていると考えてよい。

ところが、現大綱では、①「新たな脅威や多様な事態への実効的な対応」を筆頭に掲げ、次いで②「本格的な侵略事態への備え」、そして③「国際的な安全保障環境の改善のための主体的・積極的取組」の順に記述されている。

現大綱で述べている「新たな脅威や多様な事態」とは、弾道ミサイル（核を含む大量破壊兵器）およびゲリラや特殊部隊による攻撃、あるいは島嶼部に対する侵略などを指しており、あえて「本格的な侵略事態」と項目を分けて記述されている。しかしこの二つに分けられた事態は、前大綱では「わが国の防衛（国土防衛）」が対象とする事態に包含されるものであって、本来ならその項目の中で一括して記述されるべき内容である。いうなれば、現大綱の「新たな脅威や多様な事態への実効的な対応」は、前大綱の「わが国の防衛（国土防衛）」を全体とすればその一部であり、論理的には「わが国の防衛（国土防衛）」という全体シナリオの中で一体的にとらえて防衛構想を策定すべきところであるが、現大綱では「新たな脅威や多様な事態への実効的な対応」を特出し、別格の取り扱いをしている。

防衛力の最も本来的な役割は、前大綱でいえば「わが国の防衛（国土防衛）」であり、現大綱では「本格的な侵略事態への備え」である。また、それがあらゆる防衛政策の基盤であり、基本であり、基軸となるものである。しかしながら、現大綱は、その重要性ならびに優先順位をあえて引き下げ、「新たな脅威や多様な事態への実効的な対応」の次等に位置づけているのである。

以上のことは、「弾道ミサイル防衛システムの整備等について」の閣議決定が現大綱策定に先行してなされ、それが既定方針となって現大綱の作成を規制した経緯を述べたことと完全に符合している。

現大綱で「新たな脅威や多様な事態」とされている北朝鮮による弾道ミサイル（核を含む大量破壊兵器）およびゲリラや特殊部隊の攻撃、あるいは中国による島嶼部に対する侵略などの脅威や蓋然性が高まりつつある情勢の中で、それらへの対応の必要性・緊急性は誰しもが認めるところであり、断じて否定はできない。そこで、その部分のみを「新たな脅威や多様な事態への実効的な対応」として特別に取り上げることとした。しかしながら、

前大綱（「基盤的防衛力構想」）と現大綱の防衛力比較
— 陸上自衛隊の場合 —
（出典：平成十九年版「防衛白書」）

区分		前々大綱 （51大綱）	前大綱 （07大綱）	現大綱 （17大綱）
陸上自衛隊	編成定数	18万人	16万人	15.5万人
	平時地域配備する部隊	１２個師団 ２個混成団	８個師団 ６個旅団	８個師団 ６個旅団
	機動運用部隊	１個機甲師団 １個空挺団 １個ヘリコプター団	１個機甲師団 １個空挺団 １個ヘリコプター団	１個機甲師団 中央即応集団
	地対空誘導弾部隊	８個 高射特科群	８個 高射特科群	８個 高射特科群
	戦車	約1,200両	約900両	約600両
	主要特科装備	約1,000 門/両	約900門/両	約600門/両

※ 備考：現大綱における海上自衛隊および航空自衛隊の部隊・主要装備は、陸上自衛隊と同様に、前大綱より大幅に削減されている。

その整備のために当然必要とされる防衛関係費の増加には完全に目をつむった。そして、「新たな脅威や多様な事態への実効的な対応」に要する経費を確保するために、わが国の防衛、すなわち国土防衛にとって必要最小限保有すべき防衛力である「基盤的防衛力」の意義や重要性を意図的に低め、それを切り崩して経費を捻出することとされたと考えることができる。その結果として、わが国の防衛政策の基本を歪め、その基盤を危うくすることは重々承知の上で決定されたのが現大綱であるといっても過言ではない。

以上の二つの点から見ても、現大綱がわが国の財政事情を優先し、その財政事情に合致するように防衛のあり方、すなわち防衛構想あるいは防衛力の規模を逆行的に定めていることが十分に理解されるであろう。

詳述は避けるが、実は「基盤的防衛力構想」も、その定められた背景は現大綱と余り変わらない事情によるものである。いうなれば、軍事のプロフェショナルであり、またわが国防衛の現場責任あるいは最終責任を負わされる制服組が主張する「脅威対抗論」に基づく「所要防衛力」整備の要求を封じ込めるために策定されたものと考えてよい。

戦後のわが国の防衛政策について鋭い分析を行っている中京大学総合政策学部の佐道明広教授は、その著書『戦後政治と自衛隊』の中で、長年にわたってわが国の防衛のあり方を規制してきたのは、一つは「文官統制」であり、いま一つは「財政の論理による防衛政策の制約」であるとして、次のように述べている。

戦後の軽武装・財政重視の吉田ドクトリンを支えた大蔵省（現財務省）の「最初に財政ありき」の思想であり、また陸海空自衛隊から出された予算要求を、大蔵省（現財務省）と同じ手法で精査して制服の要求を抑えてきた防衛庁（現防衛省）内局の「文官統制」である。この構造による長年の積み重ねが、大蔵省（現財務省）の発言力を増大させ、今日に至ってもなお財政の論理を優先して防衛政策が決められる一種の制度化をもたらしている。

しかしながら、本来の防衛計画は、自らが置かれた国際環境や戦略条件を勘案して立案するというのが基本であろう。そうして立案された計画を財政事情に応じて実現していくというのが本来の安全保障計画というものである。

佐道氏のこの指摘については、過去の防衛庁事務次官および防衛力整備の要である防衛局長の多くが、大蔵省（現財務省）出身の官僚で占められてきた事実からも明らかであり、彼の述べていることは、まったくそのとおりであるといわざるをえない。

そして彼は、昭和三十六（一九六一）年に「第二次防衛力整備計画」（いわゆる二次防）を決定するための国防会議で、当時の迫水久恒経済企画庁長官が、大蔵省（現財務省）の出身でありながら、最初に予算枠を決めて防衛計画を立てるのはおかしいと指摘し、「戦略構想がまず決まり、あと予算の事情をみて決めるという事でないと不適当だ」と発言したことを紹介している。

ここで思い出されるのが、現衆議院議員の片山さつき氏が財務省の主計官（防衛担当）であった当時、現大綱策定を巡って防衛庁、特に制服組と侃々諤々の激しいやり取りを行ったことである。この件は、片山氏本人が「中央公論」（平成十七年一月号）に「自衛隊にも構造改革が必要だ—財務省担当主計官からの警鐘」のタイトルで異例の公表をしたことで、財務省と防衛庁の折衝の内幕が明らかになった。氏の主張は、当然ながら財務省の意向を反映したものと理解されるが、特に驚かされたのは次のような内容である。

①北海道の四個師団・旅団を一個師団に縮小するなどして陸上自衛隊の定員を今後十年間で十六万人から十二万人に（四万人）削減せよ。

②潜水艦なんて時代遅れの物は必要ない。
③昔も航空自衛隊は新田原基地（宮崎）の飛行隊を減らした。三沢基地（青森）の飛行隊も減らせるはずだ。
④災害派遣は自衛隊の仕事じゃない。警察と消防に任せればいい。

これらは、自衛隊の任務、編成装備、あるいは定員などわが国の防衛政策の骨幹にかかわる重要事項であり、防衛当局が専管的に責任を有するものである。本来なら財政の見地から防衛政策の可能性を探り、その実現に許す限りの財政的基盤を付与すべき立場の財務省主計官が、何らはばかることなく防衛政策そのものに口を挟んだという事実が発覚し、まさに、「財政の論理による防衛政策の制約」が現実に行われているという事実が白日の下にさらされたといえよう。

（ウ）現防衛大綱を反故にし、少なくとも「基盤的防衛力」を回復せよ

自衛隊の使命は、冷戦間には「厳然としたプレゼンスを示し西側の一員として紛争抑止に寄与した静的な時代」から、冷戦後は「国内外で行動して組織の真価を発揮する動的な時代」へと大きく変貌している。そして現在の自衛隊は、その任務は拡大の一途であり、役割もますます増大している。それにもかかわらず、予算は毎年削減され、自衛官の定数も公務員の定員削減と同じ扱いで削減されており、組織規模は年々縮小されている。現状の自衛隊の実力では、拡大する任務や増大する役割の遂行はすでに過重となっており、限界に達しているといわざるをえない。

また一方、中国は毎年二桁の伸びで急激な軍事力の増強・近代化にまい進し、北朝鮮がなりふり構わず核・ミサイルを開発するなど、周辺国が軍拡にひた走っている。そのときに、独りわが国のみが軍縮を行うのは、関係国に対して間違ったシグナルを送るのみならず、近年のこの軍事力（防衛力）整備の相対的な努力の差が、近い将来わが国防衛の骨幹を揺るがす大きな要因となりはしないか懸念されるところである。

この危機的状況を打開するには、まずは「財政の論理による防衛政策の制約」ならびに防衛庁からそのまま引き継がれた防衛省内局による「文官統制」という歴史的・構造的問題を賢明な世論の力と「政治主導」、すなわち本来の意味のシビリアン・コントロールによって打破しなければならない。そうでなければ、わが国の防衛はいつの時代になっても世界や周辺地域の新たな動きに的確に対応できないばかりか、わが国の将来は取り返しのつかない困難に陥るであろう。

さらには、現大綱を反故にして、いったんは「基盤的防衛力構想」に復帰し、独立国として必要最小限保持すべき「基盤的防衛力」をすみやかに回復することが何よりも大事である。あわせて、ＢＭＤシステムなどの新たな防衛所要に対しては基盤的防衛力整備の予算に経費を上乗せし、北朝鮮の核・弾道ミサイルなど周辺国による脅威の高まりに遅れないよう防衛力の構築を加速しなければならない。そうすれば、わが国の防衛力整備において、本来目指すべき「脅威対抗論」に基づく「所要防衛力」構想の推進に道筋を作ることにもなるのではなかろうか。

なお現在、「米軍再編」関連経費の行方が注目されている。しかし、もしこれにかかわる経費が現状の防衛関係費の中から賄われるようなことになれば、わが国の防衛は抜き差しならない惨憺《さんたん》たる状況に陥ることは目に見えている。わが国の財政的逼迫の状況は重々勘案するとしても、「米軍再編」関連経費については、防衛関係費の別枠で計上する政治の英断が強く求められるところである。

（エ）防衛産業の維持・育成に配慮しつつ、可能な限り装備の国産化をめざせ

わが国のＢＭＤシステム整備には、当初、毎年約一千億円程度の予算が見込まれていた。しかし平成十九（二〇〇七）年度は、研究開発費を含んで約二千億円前後まで予算が膨れ上がっている。しかも、既存の防衛力整備を犠牲にして苦しい防衛予算の中からかき集められたこの経費は、その大部分が米国の企業の懐に入る仕組みになっているといわれている。それは、ＢＭＤシステムを米国からの輸入やライセンス生産に頼っているからである。そして、このシステムを保持していく限り、日進月歩の技術向上に合わせて、ＰＡＣ-1がＰＡＣ-2、ＰＡＣ-3へと進化して行ったように改良・改善が続けられることになる。また、導入したシステムの維持には、不断の補給整備が必要である。さらに重大な問題は、米国からいったん装備品を導入してしまうと、その初年度単価に比して後年度の単価が逐年引き上げられる傾向にあり、装備品によっては二倍に跳ね上ったケースもあると指摘されている点である。

今後ＢＭＤシステムの整備が進むにつれて、その所要経費も年々水ぶくれするであろう。そして、その経費のほとんどは米国へと流れて行くことになるのである。しかし国益とは、自国の企業や国民の懐が豊かになり、ひいてはその利益が国家に還元されて国富を高める

ことでもある。わが国の防衛力整備にあたっては、決してそのことを度外視してはならないし、防衛産業の育成と防衛生産・技術基盤の維持はさらに重要な課題であるということを忘れてはならない。

昭和四十八（一九七三）年十月に第四次中東戦争が勃発した。当時、防空のアラート任務に就いていた陸上自衛隊の地対空誘導弾「ホーク」の部隊でレーダーの重要部品が故障し、米国へ緊急調達をかけた。しかし、米国は同ミサイルを保有するイスラエルへの補給を優先したため、ホーク部隊のレーダーが長期間不可動となり、任務遂行に支障を来した事例を承知している。

これからさらにＢＭＤシステムの共同技術研究が進んで行くが、当初に述べた米国の生産能力の制約や第四次中東戦争の例のような国際情勢、あるいは装備品生産国の様々な思惑などによってわが国の防衛が左右されることをあわせ勘案すると、ＢＭＤシステムの開発をはじめとする自衛隊の装備品は、可能な限り国産を目指すことが必要なのではないだろうか。

国産化を推進するにあたっては、国家安全保障のためにという原点に立ち返り、限られた予算等の範囲内で何を優先して国産化すべきであるかについての国産化戦略を確立し、国を挙げてその実現を目指す覚悟が必要であろう。

オ　自衛隊の敵基地攻撃能力の保持

自衛隊の敵基地攻撃能力の必要性については、本章（一）のウ項「日米の役割分担と保有能力の明確化」で述べたところである。そこでまず、過去の戦例を二つ紹介してみたい。

一つは、第二次世界大戦におけるドイツによる英国に対するV-Ⅱロケットの攻撃である。資料によると、ドイツは英国に合計千百十五発のV-Ⅱロケットを発射している。しかしながら、当時英国はV-Ⅱロケットを撃墜する有効な対抗手段を持たず、またドイツのロケット基地を攻撃する能力もなかったので、そのうちの五百十七発が首都ロンドンに着弾して二千六百十二人の犠牲者が出たと伝えられている。犠牲者が少なかったのは、ロケットが通常弾であったことが幸いしたからにほかならない。

一方、平成二（一九九〇）年一月十七日にはじまった湾岸戦争において、イラクは隣国のサウジアラビアやイスラエルに対して、ソ連製のスカッド・ミサイルを撃ち込んだ。これに対処するために、米国は急きょペトリオット地対空ミサイル（このときは、ＰＡＣ-2）を湾岸地域に配備して応戦したが、その成果は必ずしも十分でなかったことはよく知られている（米国議会会計検査院［ＧＡＯ］の報告では、命中率は約九パーセントであった）。
そこで英国の特殊部隊などを投入し、空地から移動性のスカッド・ミサイルの位置を偵知し、航空攻撃・砲撃などによってその制圧を図って被害を低減したものであり、ＢＭＤシステムとともに脅威の源である敵基地攻撃能力の必要性を明確に示した貴重な教訓である。

戦争全体を考えると、イラクがサウジアラビアとイスラエルを攻撃した理由は、サウジアラビアについては米軍が駐屯し、イラクへの攻撃の発進基地となったことであり、他方イスラエルについては、同国を攻撃して湾岸戦争に巻き込み、アラブ対イスラエルの構図を作れば本戦争を「アラブの大義」のための戦争としてアラブ諸国を結束させ、イスラエルを孤立化させることができるとの意図に基づくものであったろう。

もし、第二次朝鮮戦争が勃発すれば、どのような事態が生起するであろうか。北朝鮮の新聞は、「日本は米国の対朝鮮・アジア軍事戦略の最重要拠点である」、「基地再編成の策動により、北東アジア情勢はさらに緊張しており、戦争の脅威は日増しに高まっている」、「日本の米軍と米軍基地は、日本人民にとって大変な迷惑で、日本の地に戦火を起こす原因になる」、「日本が平和を維持して安全に暮らしたいならば、米帝の戦争戦略の付属物になってはならない」、「在日米軍基地の撤収闘争を行うべきだ」と主張している。これらの主張から、米軍基地が配置されている日本に攻撃を加える意図があることは明白である。また、軍事優先の「先軍政治」を掲げることからも、有事においては軍事的妥当性が優先され、保有するいかなる戦力をも躊躇なく使用するであろう。米軍の一部がわが国から出動し、またその後日本が米韓軍の支援後拠となることを考えれば、わが国がサウジアラビアやイスラエルと極めて似た状況下におかれるであろうことは容易に想像できる。

しかしながらわが国は、「誘導弾等による攻撃を防御するのに、ほかの手段がないと認められる限り、誘導弾等の基地をたたくことは、法理的には自衛の範囲に含まれ、可能」としながらも、「攻撃の事態を想定して、その危険があるからといって平生から、他国を攻撃するような、攻撃的な脅威を与えるような兵器を持つことは、憲法の趣旨とするところではない」として他国に脅威を与える攻撃的兵器に制限を加えてきた。そして、昭和四十五年版の防衛白書において「わが国の防衛は専守防衛を本旨とする」と書き、「専守防衛とは相手国から武力攻撃を受けたときにはじめて防衛力を行使し、その防衛力行使の態様も自衛のための必要最小限にとどめ、また保持する防衛力も自衛のための必要最小限のものに限るなど、憲法の精神にのっとった受動的な防衛戦略の姿勢をいう」との政府の統一見解を示した。じ後、専守防衛は国防の基本方針となり、日本は「盾」に徹して攻撃能力は保持せず、敵基地を攻撃する「矛」は米軍の役割として今日まで敵基地攻撃能力を保有することをためらってきた。

北朝鮮による核弾頭を装着した弾道ミサイルの脅威が現実のものとなってきた今、これらの政府の統一見解を再検討する必要があろう。なぜならば、「相手国から武力攻撃を受けたときにはじめて防衛力を行使する」とは「第一撃による損害を受けた後に反撃をする」ことであるとされ、相手国からの武力攻撃による実際の損害をもって自衛権を発動することと解釈されてきた。それが通常弾頭であれば被害は限定されるであろうが、核弾頭であれば致命的であり、甚大な核による被害は国民が到底堪えられるものではない。

わが国の「敵基地攻撃」は、主権国家の権利である自衛権の行使として国際法上認められた「先制攻撃」の範疇に入る概念である。とはいっても、現実に起こりうる武力攻撃の様相はさまざまであり、どこまでを先制攻撃の範疇とするかは国家としての判断責任が求められるもので、一概に決めることはできない。

一般的に武力攻撃とは「敵が攻撃の決心をする段階から、その準備に取り掛かり、そして実際の攻撃によって被害が発生するまでの間」とする考えもあり、その判断には極めて高度な能力が要求される。

【自衛権の先制的（anticipatory）行使の問題】

国家の基本的権利のひとつに自衛権がある。自衛権は、一般国際法上の国家の権利であり、その発動要件は、①急迫不正な自国の法益侵害があること、②武力による以外はほかにとるべき手段がないこと、③執った手段は損害と釣り合っていることとされてきた。かかる自衛権は、国家の自存権あるいは自然権として認識されていた。

集団安全保障制度を採用した国連は、加盟国に武力行使を禁止し（二条四項）、平和の破壊あるいは平和に対する脅威が存在するときは、安保理が決定した集団的措置によって国際の平和と安全を確保するとした。しかし集団安全保障制度が機能しない場合を想定して、設立条約の草案になかった個別的および集団的自衛権が国家固有の権利として国連憲章中に規定された。かかる自衛権の発動要件は、①加盟国からの武力攻撃の存在、②自衛権行使を安保理に報告すること、③自衛権行使は国連による措置までの間であることとした。自国の法益侵害を自国に対する武力攻撃の存在に限定するとともに、国連の集団安全保障制度との整合性を図った。

ここで問題になったのは、「武力攻撃」の文言が「損害が発生した場合」を意味するのか、あるいは「損害が発生する恐れがある場合」を含むのかという問題であった。後者の問題は、先制的（anticipatory）自衛権の問題であり、これを認めるか否かについて、研究者の間で議論が行われている。この議論は、核搭載大陸間弾道弾（ＩＣＢＭ）に対する迎撃の場合の問題であったが、九・一一の同時多発テロの際の米国によるアフガニスタンに対する自衛権行使、あるいは二〇〇三年の米国によるイラクに対する自衛権行使の際に再燃した。

自衛権の先制的行使を認めないとする研究者は、二条四項で禁止する以外の武力行使の場合、あるいは現実的に武力攻撃がない場合に、自衛権を根拠にした他国に対する武力行使を合法化させることになると警鐘を鳴らしていた。他方、先制的行使を認める研究者は、必要性（necessity）と均衡性（proportionality）という基準を満たすことを条件に、高度の確かさで切迫した攻撃の見込みがある場合に、武力行使は合法になると主張してきた。

このような議論の中、国連ミレニアムサミット後のハイレベルパネル報告（二〇〇四年十二月）は、概略次のように述べている。すなわち「切迫したまたは直前の脅威（imminent or proximate threat）」に対する「精確に予防的な（just pre-emptively）」場合ではなく、「切迫していない、または直前でもない脅威（non-imminent or non-proximate threat）」に対する「予防的な（preventively）」場合に、自衛権の先制的行使を主張する者がいる。彼らは、核を持ったテロリスト等の脅威は非常に大きいので、核の交換（nuclear exchange）や原発破壊による放射能汚染（radioactive fallout）を考慮すると、そのような脅威が切迫したものになるまでまつリスクを犯せないという。しかし、このような場合は国連安保理事会に任すべきであり、もしそのような主張を裏付ける証拠がある場合は、安保理は武力行使を授権できるのであり、そのような証拠がない場合は、説得（persuasion）、交渉（negotiation）、抑止（deterrence）、封じ込め（containment）のようなほかの戦略を追求する時間をとり、その後に軍事的手段（military option）に立ち返るべきであろう。

弾道ミサイル攻撃を想定した場合、何をもって「攻撃を決心した」、「準備がはじまった」、「攻撃がはじまった」と判断するのか。さらには「発射されたミサイルがわが国を攻撃する」ものであるのかといった判断など複雑かつ困難な問題がつきまとう。この問題を克服して、わが国土への着弾まで手をこまねいているという愚だけは避けなければならない。いずれにしても、自衛権の先制的行使としての敵基地攻撃は、国際的に認められるとの見方もあり、また現実の国際政治の場でも様々な事例が見られる。当然のことながら、わが国も先制的武力行使を受ける恐れがある。第一撃による国民の犠牲を容認するような政策（政府見解）はただちに改める必要があろう。

北朝鮮の核の脅威が認識されてきた今こそ、「武力攻撃の発生」を第一撃を受けた後とするのではなく、国際的な論議を踏まえて再定義することが必要である。

【弾道ミサイル攻撃対処の各段階における対応行動】

弾道ミサイルの場合、加速段階ではどこを狙っているのかは特定できず、バーンアウト（燃焼終了）後に速度、方向等からの計算により目標と弾道が判定できるとされる。弾道ミサイルの噴気の赤外線を静止衛星が探知、司令部へのデータ送信、コンピュータによる解析、迎撃ミサイル部隊への発射命令という一連の行動には現在約三分かかるとされている。日本に向けられた北朝鮮からのミサイルの飛翔時間は約十分以下と見積もられ、加速段階は約一分半である。弾着までの残り時間は八分半以下となり、この間に弾道ミサイルの探知から迎撃までの行動をとるとすれば対応時間は限られ、被害局限のため大気圏外での迎撃を追求すればさらに状況は困難となる。このため、探知から発射命令までの時間短縮のための技術・運用上の進歩が求められるが、弾道ミサイルの大気圏外での迎撃チャンスが非常に限られるので、大気圏内でも迎撃が追求されることになろう。いずれにしても、迎撃チャンスが限られ、迎撃も「弾を弾で打ち落とす」という高度な技術を必要とすることから、北朝鮮のミサイルに対する防衛では必然的に「敵が攻撃（ミサイル発射）の決心をする段階から、その準備に取り掛かり、そして実際の攻撃によって被害が発生する前までの間の各段階」での対応が不可欠となってくる。

まず、努めて早期に武力攻撃の発生を判断できるようにするため、情報収集・分析能力が必須となる。敵の攻撃意図をできるだけ早期に明確に判定できる精緻な情報収集能力やミサイルがわが国に向けられていることを判定する高度な能力を保持することは、世論の支持や国際法遵守の観点からも必要となる。（情報機能の強化については第二章（二）ウ項参照）

万一北朝鮮から弾道ミサイルが発射されたならば、わが国はBMDシステムの全力をもってわが国へ着弾する前にその撃墜に努めることとなる。しかし、SM-3とPAC-3がいかに最新のBMDシステムであり、湾岸戦争当時の米国のペトリオットPAC-3より格段に性能が向上しているとはいえ、必ずしもすべてのミサイルを撃墜できるチャンスがあり、かつ確実に迎撃できるとは限らず、国土・国民に直接被害が及ぶ恐れは極めて大きい。

このため、敵のミサイルを敵基地での準備段階で破壊する能力の保持は、ミサイル発射の兆候から発射までの時間が限られ、高高度・高速のため対応時間も限定される中でミサイル攻撃からわが国を防衛するためには、極めて重要な手段となる。

国家には、国土・国民に降りかかる火の粉を払うのはもちろんのこと、国民の安全を確保しなければならない以上、日本に向けられた火元を断つ当然の責務がある。北朝鮮によるミサイル攻撃の脅威が高まった現在、その責務を果たすためには情報機能の強化とともに自衛隊に敵基地攻撃ができる権限と能力を付与しておかなければならないのである。

しかし、自衛隊が敵基地攻撃能力を持ったとしても、それには限界がある。スカッドＣのように移動し、あるいは地下に隠された弾道ミサイル「ノドン」のすべてを偵知して発射前に制圧するのは、これまた困難である。したがって、わが国の場合は、ＳＭ‐３とＰＡＣ‐３で二層化されたＢＭＤシステムによる弾道ミサイルの撃墜と敵基地攻撃による弾道ミサイルの発射前の制圧を併用し、その相乗効果によってわが国に対する攻撃を極力排除する以外に、有効な方法はない。すなわち、北朝鮮による核攻撃の被害・損害を局限するには、ＢＭＤシステムに加えて、敵基地攻撃能力を保有することが不可欠である。

しかしながら、わが国が持ちうる敵基地攻撃能力とＢＭＤシステムをもってわが国に向けられた弾道ミサイルすべてを排除できるという保証はなく、敵基地攻撃から生き残り、さらにはＢＭＤシステムをかいくぐったミサイルがわが国土に着弾する可能性を完全に否定することはできない。このため、万一の事態においても被害を最小限にできる手段を持つことを忘れてはならない。そのため、攻撃が差し迫った段階からの国家としての危機管理体制を確立するとともに、地下や退避壕への避難およびやむをえず被弾した場合の救護や復旧の処置などの次項で述べる民間防衛（国民保護）の対策が併せて求められる。これらすべての要件が揃わなければ、弾道ミサイルに対するわが国の防衛は完結しないのである。

(三) わが国の国内体制の整備

ア 国家の総合一体的な危機管理と有事対処体制の確立

わが国の有事対処については、自衛隊法を基本法として、平成十五(二〇〇三)年六月に制定された武力攻撃事態対処法と平成十六(二〇〇四)年六月に制定された国民保護法がある。

武力攻撃事態対処法は、武力攻撃事態等への対処の基本を定め、主として自衛隊と米軍の行動に関する措置および国民保護に関する措置について規定している。また、国民保護法は、主として武力攻撃事態等における国民の避難・救援、武力攻撃災害への対処および国民生活の安定について規定している。これらの事態対処法令は、昭和五十二(一九七七)年に開始された防衛庁の有事法制研究の成果を基に、二十七年後にようやく法制化に至ったものである。

防衛庁の有事法制研究は、防衛庁所管の法令(第一分類)、防衛庁所管以外の法令(第二分類)、所管省庁が明確でない事項に関する法令(第三分類)の三つに分類して行われた。

上記の事態対処法令は、その「第一、第二分類のうち、早急に整備する物として（与党三党によって）合意が得られる事項につき立法化を図り、また、当面立法化の対象とならない事項と第三分類についても、今後、所要の法整備を行うことを前提に検討を進める」（「防衛白書」平成一八年版）として成立をみたものである。すなわち、自衛隊と米軍の武力攻撃事態対処と国民保護に特化して作られた法律であり、第二分類および第三分類の一部に関する事項は未整備のままになっている。しかも、有事法制は、有事対処の観点からのみの検討であって、わが国の危機管理と有事対処体制に必要な機能をすべて網羅し、総合一体的に整備するまでには至っていない。

第一分類：防衛庁設置法、自衛隊法、防衛庁職員給与法
第二分類：部隊の移動、資材の輸送等に関連する法令、通信連絡に関する法令、火薬類の取り扱いに関する法令など自衛隊の有事の際の行動に関連する多数の法令
第三分類：有事に際しての住民の保護、避難または誘導の措置を適切に行うための法制、人道に関する国際条約（ジュネーブ4条約）の国内法制

そこで、わが国が国防政策の基礎に置いている「国防の基本方針」（昭和三十二［一九五七］年閣議決定）に戻って考えてみたい。

「国防の基本方針」は、①国際協力と平和努力の推進（外交／対外関係）、②民生安定による安全保障基盤の確立（内政）、③効率的な防衛力整備の漸進的な整備（防衛・軍事）および、④日米安保体制を基調とすること（同盟関係）を四つの柱として掲げ、外交／対外関係、内政、防衛・軍事および日米同盟を総合一体的に施策することによって国防の目的を達成するというのが基本的な考え方である。これと前述の事態対処法制とを比較しつつ検討すると、現状のわが国の危機管理と有事対処体制には、平時からの有事準備、危機時の抑止および有事の安全保障基盤（有事に必要な最低限の国家機能）の維持という点に不備あるいは欠落がある。たとえば、外交／対外関係では、特に紛争の抑止と早期終結、そして内政では安全保障基盤の維持、特に貿易による資源・エネルギーの確保、治安の強化、輸送・交通、食料、医療、電力・水道・ガスなどの経済社会活動の土台となる基礎的諸要素の確保に関することである。

したがって、今後さらに、有事法制の未整備事項、危機・有事における外交／対外関係の強化、そして安全保障基盤の維持に関する法令を整備しなければ、縦割り行政がなかなか克服できないわが国において、国としての総合一体的な危機管理および有事対処体制は確立できない。

また一方、国民保護法を受けて、地方自治体には為すべきことが山積している。しかしながら、地方自治体の取り組み方には温度差があり、一様には進展していない。特に自治体相互の協力態勢など、各自治体の境界を越えた広域的な問題に対する対策が不十分である。また、計画は一応作成されたものの、国民保護の観点から最も重要な国民・市民を直接あずかる第一線の現場を支える市町村職員の取り組みは、遅々として進展していないのが実態のようである。市町村レベルでは有事における危機対処の専門家が極めて少ないため、国民保護計画の作成に際しては、国民保護協議会に諮問することとされている。しかしでき上がった計画は、中央が作った計画モデルをコピーした程度の内容に止まっているとの指摘がある。

本来、計画は、各地方自治体の地域的特性を徹底的に分析し、有事に当該自治体で起こるであろう各種の事態を綿密に予測し、いかに的確に対処するかを検討して作成されるべきである。そして、危機・有事に役立つ計画とするためには、他人任せではなく、住民保護に現場で直接指揮にあたる首長自らが中心となって計画を作成しなければ実効性のあるものにはならないであろう。

国民保護法では、国、都道府県、市町村、指定公共機関、指定地方公共機関および国民が一体となった危機管理と有事対処体制を目指しているが、まだまだ国の行政においてやるべきことが数多く残されている。同時に、地方自治体にも多くの課題があり、特に市町村の現場レベルにおけるより積極的な取り組みが求められている。

イ　民間防衛（国民保護）の強化

（ア）民間防衛（国民保護）の意義等

外交と軍事は、主としてわが国の安全に悪影響を及ぼす他国の企図および行為に直接に働きかけてその企図および行為を抑止しあるいは無力化し、結果として国家の安全を確保しようとする機能である。この際、軍事に求められることは、抑止効果が機能せずに敵が武力行使に及んだ場合にも、敵の攻撃を自国の周辺で無力化（即ち完全に阻止）して、国民がまったく被害を受けないようにすることである。しかしながら、これを実現することは、長距離を飛翔し超高速で目標に落下する弾道ミサイルのような兵器が発達した今日、よほどの軍事力（同盟軍を含む）を持たない限り、物理的に不可能である。このことは、特に限定された防衛力しか保持していないわが国にとっては、自明の理である。

したがって国および国民は、そのことを認識して、できるだけ被害を極限しうるように日頃から手段を講じておかなければならない。

その手段として、国家および国民の防護を真剣に考えている国は、敵の攻撃から直接国民を防護する機能として、非武装の民間防衛（Civil Defense）組織を有している。もし弾道ミサイルの発射の兆候があり、また発射された場合には、民間防衛組織は直ちにその機能を発揮し、日頃の訓練を通じて国民に周知した手順にしたがって、警報を発して国民に必要な対応処置（準備）を取らせ、また国民を安全な核シェルター等へと避難させることになっている。

【民間防衛組織と文民保護組織の関係】

ここでいう民間防衛組織は、第Ⅰ追加議定書（一九四九年八月十二日のジュネーブ諸条約の国際的な武力紛争の犠牲者の保護に関する追加議定書）に定められた文民保護組織（議定書の第六章第六十一条）としての性格を有するものである。

その構成要員は国際的な特殊標識および身分証明書によって識別されることが必要であり、

また、シェルター等の防護避難施設等にも定められた特殊標識等で識別可能にすることが求められている。文民保護組織、要員、施設、物品、避難所等に使用する国際的な特殊標識はオレンジ色地に青色の正三角形とされている（議定書の第六章六十六条参照）。

なお、第Ⅰ追加議定書六十一条による「文民保護（Civil Defense）」とは、文民たる住民を敵対行為または災害の危険から保護し、文民たる住民が敵対行為または災害の直接的な影響から回復することを援助し、および文民たる住民の生存のために必要な条件を整えるため、次の人道的任務の一部または全部を遂行することをいう。

（ⅰ）警報の発令、（ⅱ）避難の実施、（ⅲ）避難所の管理、（ⅳ）灯火管制に係る措置の実施、（ⅴ）救助、（ⅵ）応急医療そのほかの医療および宗教上の援助、（ⅶ）消火、（ⅷ）危険地域の探知および表示、（Ⅸ）汚染の除去およびこれに類する防護措置の実施、（ⅹ）緊急時の収容施設および需品の提供、（ⅹⅰ）被災地域における秩序の回復および維持のための緊急援助、（ⅹⅱ）不可欠な公益事業に係る施設の緊急の修復、（ⅹⅲ）死者の応急処理、（ⅹⅳ）生存のために重要な物の維持のための援助、（ⅹⅴ）（ⅰ）から（ⅹⅳ）までに掲げる任務のいずれかを遂行するために必要な補完的な活動（計画立案および準備を含む）

また、同条による「文民保護組織」とは、「文民保護」として規定された任務を遂行するために、紛争当事者の権限のある当局（国および地方公共団体と、その下にある官署・執行機関）によって組織されまたは認められる団体そのほかの組織であって、専らこれらの任務に充てられ、従事するものをいう。
同じく、「文民保護組織の要員」とは、紛争当事者により専ら「文民保護」として規定された任務を遂行することに充てられる者（当該紛争当事者の権限のある当局により専ら当該文民保護組織を運営することに充てられる者を含む）をいう。

わが国としても、遅ればせながらではあるが、平成十五年以降、諸外国のような民間防衛施策、すなわち国、地方自治体、公共機関等と国民が一体となって対応する国民保護に関する施策が徐々にではあるが進みつつある。現在進捗しつつあるこの国民保護施策に関して、他国の例を参考とし、その効果を高めるためにいかなる施策をとるべきかという観点から、若干の提言を試みたい。

(イ) 北欧諸国の民間防衛の状況

民間防衛とは、端的にいうと戦争の惨禍から国民を防護することであり、民間防衛は軍だけが行うことではなく、文民による公的部門（国、県・市、公共機関）と私的部門（企業および個人）等が一体となって非武装のまま組織的に行うものである。民間防衛組織には、消防、救急および医療、通信・電子、教育等の各関係機関も含まれ、同組織は、組織と任務（個人も含む）はもとより避難場所（シェルター）等も明確にしており、定期的に訓練も行っている。特に教育機関は、学生に対し民間防衛について徹底して教育している。

シェルターについては、戦時における破壊から国民およびその生活を防護する最良の手段として、法令で、国、地方公共団体のほか、ある規模以上の建造物の所有者等が建設することが義務づけられている。シェルターは、規模、用途等に応じ、通常爆弾はもとより核（N）・生物（B）・化学（C）兵器（NBC兵器）等の威力も考慮に入れて強度の基準が設定されており、それに基づいて構築されている。それ以外にも臨時のシェルターとして利用できる空気清浄装置のついた地下室等が個人住宅をはじめ諸所に設けられている。

シェルターは平時から、必要な教育および訓練に使用されているが、一部の国では必要な場合には二十四時間以内に復帰させるとの条件で、平時には駐車場、スポーツ施設および倉庫等として使用することを許可している。平時に駐車場等として使用させることについては、使用料を維持管理費にあてることができ、また国民に日頃からシェルターの位置等を知らせる上で非常に効果があるものと思われる。シェルターに関し、民間防衛の先進国であるフィンランドの一九九〇年代の設置基準等は次の通りである。

①シェルターは、ビルの崩壊、直撃弾以外の爆発および放射線降下物から防護できるように造られ、化学および生物（細菌）兵器に対処しうるように浄化装置を設置する。ただし、岩盤内のシェルターは通常兵器の直撃に耐えうる。

②住宅用のビルおよびそれに準ずる建造物のシェルター設置面積は、全床面積の二パーセント、居住人員一人当たりのスペースは〇・六平方メートル

③公共および私設シェルターは、分類規模等に応じクラスS-1、クラスS-3、クラスS-6に分類される。

・クラスS-1は収容能力百五十人以下で、百KN（キロニュートン）／平方メートルの衝撃波に耐えうる。

・住宅用クラスS-3は、収容能力は強化コンクリート製の場合七百五十人、岩盤掘削の場合千五百人で三百KN／平方メートルの衝撃波に耐えうる。

・クラスS-6は、すべて岩盤掘削で、六百KN／平方メートルに耐えうる。

＊強化コンクリート製シェルターの抗堪力

一キロトン級の核爆発の場合は、爆心地から二百から三百メートル以上で効果がある。

核シェルター内部扉

核シェルター入口

平時は駐車場として利用

住宅用シェルター

フィンランドの核シェルターの例

一メガトン級の核爆発の場合は、爆心地から二から三キロメートル以上で効果がある。シェルターの運用に関し、ヘルシンキで経験した一つの事例を紹介する。ある日、ヘルシンキ市長が、「シェルターに食糧等数週間分を準備せよ」とマスコミを通じて民間防衛に指示したことがある。細部は省略するが、その際、国サイドは同じマスコミを通じてそのような準備は必要ないと主張した。それに対してヘルシンキ市長は、私は国の主要な機関も含めヘルシンキ住民を守る責任があると反論し、民間防衛の責任者としての立場を明確にして準備の実施を強調した。実際に準備されたか否かについては確認してはいないが、民間防衛とはこういうものかと感心したのを覚えている。その当時は湾岸戦争および近隣国では原発事故も起きていた時である。

（ウ）わが国の民間防衛（国民保護）の現状

諸外国でいわれる民間防衛の機能は、日本では、国民保護の概念の中で扱われている。武力攻撃事態対処（注）等における国民の保護については、国、県、市町村、指定公共機関、指定地方公共機関が一体となって対処していく態勢が、法律を含め机上の計画として、現状においても一応でき上がりつつあると言えよう。

【武力攻撃事態】

国民保護の対象となる武力攻撃事態とは、ゲリラや特殊部隊による攻撃、弾道ミサイル攻撃、航空攻撃、着上陸侵攻（敵のわが国に対する本格的侵攻で、前記の攻撃はすべて含まれる）などである。

弾道ミサイル攻撃ではN、B、Cを用いた攻撃を、またゲリラ等の攻撃ではBおよびC、NおよびダーティボムR（放射線）による攻撃も考慮されている。

i　国の取り組み

平成十五（二〇〇三）年六月の第百五十六回通常国会において武力攻撃事態関連三法案が、翌十六年六月の第百五十九回通常国会において事態対処法制関連七法案および三条約承認案件が可決された。これにより、武力攻撃や大規模テロなどの最も重大な危機に際しての、国としての対処の基本が一応は定まった。

【武力攻撃事態関連三法案】

①武力攻撃事態等におけるわが国の平和と独立ならびに国および国民の安全の確保に関する法律（武力攻撃事態対処法）

②安全保障会議設置法の一部改正に関する法律
③自衛隊法および防衛庁職員の給与等に関する法律の一部を改正する法律

【事態対処関連七法案および三条約】

《防衛庁所管》
①武力攻撃事態における外国軍用品等の海上輸送の規制に関する法律（海上輸送規制法）
②武力攻撃事態における捕虜等の取り扱いに関する法律（捕虜取り扱い法）
③自衛隊法の一部を改正する法律案（自衛隊法一部改正法案）

《内閣官房所管》
④武力攻撃事態等における国民の保護のための措置に関する法律（国民保護法）
⑤武力攻撃事態におけるアメリカ合衆国の軍隊の行動に伴いわが国が実施する措置に関する法律（米軍行動関連措置法）
⑥武力攻撃事態等における特定公共施設等の利用に関する法律案（特定公共施設利用法案）
⑦国際人道法の重大な違反行為の処罰に関する法律案（国際人道法違反処罰法案）

《締結承認条約》
①日本国の自衛隊とアメリカ合衆国軍隊との間における後方支援、物品または役務の相

互の提供に関する日本国政府とアメリカ合衆国政府との間の協定（日米物品役務相互提供協定、いわゆるＡＣＳＡ）を改正する協定

②一九四九年八月十二日のジュネーヴ諸条約の国際的な武力紛争の犠牲者の保護に関する追加議定書（ジュネーヴ諸条約第Ⅰ追加議定書）

③一九四九年八月十二日のジュネーヴ諸条約の非国際的な武力紛争の犠牲者の保護に関する追加議定書（ジュネーヴ諸条約第Ⅱ追加議定書）

ⅱ　地方自治体等の取り組み

平成十七（二〇〇五）年三月に国から示された「国民の保護に関する基本指針」に基づき、都道府県は国民保護計画を策定、その計画は、平成十八（二〇〇六）年一月に国によって承認された。

国民保護法により、県は、武力攻撃事態や大規模テロの際に、県民の生命、身体および財産を保護し、被害を最小限にとどめるために、情報の収集・伝達、警報発令の伝達および緊急通報の発令・伝達、住民の避難の指示・伝達、住民の救援等、重要な役割を実施するようになった。

しかしながら、現在の国民保護計画では、国民の生命等を守る上で非常に重要な避難先について、一応計画されてはいるものの、実際の攻撃、特に核攻撃に対して堅牢なシェルターを準備するなどという文言は見あたらない。わが国においても、シェルターという語は、山岳地における急激な気象の悪化や突然の火山の噴火に備えた避難場所を表す用語として一般的に使われている。局地的な自然災害に備えたシェルターがあるにもかかわらず、それよりもはるかに広範囲に、多くの国民を巻き込む強烈な被害が生起する核攻撃に備えた核シェルターが、世界で唯一の核被爆国であるにもかかわらずまったくないのである。

(エ) 国民保護機能のさらなる効果向上のために必要な施策

①組織・法令の整備

武力攻撃の発生場所等および攻撃等によって国民が被る惨禍の種類・規模等は予測困難であり、このような武力攻撃事態から国民を防護するためには、国、都道府県、市町村、公共企業体、私企業、そして各国民が一致協力して組織的に対応する必要がある。

国民保護を考える上で重要なことは、防護を受ける国民も何らかの行動をとらなければならないということである。すなわち国、地方自治体、私企業等の特定組織だけで国民各個人を防護することは物理的に対応困難であり、誰かが自分を守ってくれるとか、国民保護は国および地方自治体が行うことだとか、あるいは好きな者だけがやればいいという考えは通用しないということである。

民間防衛を真剣に考えているフィンランドでは、戦争の経験等から民間防衛活動に参加することは国民の義務であると法令等で定めている。しかし、わが国の国民保護関連法では、国民に対しては必要な援助について協力を求めるとなっているだけであり、国民保護（民間防衛）活動へ参加することは国民の義務とはなっていない。さらに国民がボランティアであっても参加する民間防衛組織も定まっていないという有様である。

このような状態で、国民保護が本当に機能するのかは、現在までのところはなはだ疑問であるといわざるをえない。

したがって、国民全員が活動に参加するよう義務づける必要がある。すくなくとも、武力攻撃事態等が発生した場合には、国民は当局（国および地方自治体等）の指示・統制には従うものとすると、法令等で定めるべきであろう。

また、国民全員に国民保護活動に対する参加意識を持たせ、かつ参加させて敵の攻撃に対して組織的に活動できるようにするためには、地方自治体の職員や関係団体等の力だけではできることに限界があることから、全国民参加型の国民保護活動を日頃から推進し、あるいは先導する自治体の支援組織としての民間のボランティア組織を創設することが不可欠である。一部の県等では有事の国民保護を目的としたＮＰＯ法人が設立されているが、この動きを全国的に広げなければならない。各地方自治体は、そのような動きに対しては、有事よりも平時の大規模災害等に期待しているとの声が聞こえるが、この期待こそが問題であり、国民保護法とは敵の武力攻撃に対処するものであるということを絶えず念頭に置き、かつわが国を快く思わない隣国が核を保有しているという現実を直視し、実際の核攻撃に対しても真に有効に対処しうる国民保護組織・法令とするように真剣に努力する必要がある。そもそも国民保護の本質的な意義は、国民自らが国を守るという意志と行動の問題であり、憲法を改正する際には必ず考慮しなければならない事柄である。

②避難場施設および場所の確保

現在都道府県は、危機管理部門等を防災と関連して創設し、かつ関係諸機関（消防、警察、自衛隊、医療機関、企業等）と連携した訓練を、一例をあげれば化学攻撃等に対する実際的な対処訓練を、図上のみではなく実際に起きそうな施設・場所を用いて実施しはじめたところである。

武力攻撃事態が発生した場合には、都道府県の危機管理部門は司令部機能を、ほかの部局はそれぞれ特有の機能（役割）を発揮して、有機的に対応することになる。

ある県の国民保護計画によれば、住民の避難が必要な場合の措置について次のように書かれている。

「県（知事）は、国からの指示を受けて、避難経路および交通手段を明示して、市長等を通じて住民に避難を指示する」

「市長等は、県（知事）の指示に基づき直ちに避難実施要領を定め、職員（消防を含む）を指揮して避難住民を避難先（市町村長が避難実施要領で定める）に誘導する」

この措置を行うにあたり最も重要なことは、避難先は本当に安全かということである。この県の計画では、攻撃モデル特に弾道ミサイルおよびゲリラ等によるＮＢＣＲ攻撃に応じた避難の要領（避難先特に個人が自ら避難する場合も含む）の概要を示しているが、これらの事態に際し、現状では「安全な避難場所などどこにもない」といえる。戦後約六十年にわたって平和を謳歌し、民間防衛（国民保護）をないがしろにして、これらの攻撃に対処するシェルターの準備を国民が怠ってきたからである。あえて国民がやってこなかったと言いたい。

それではまったく対応できないかというと、最小限の対応はどうにかできると言えないこともない。県は、避難要領の概要の中で、堅牢な建造物・地下等へ避難するようにと示している。これが現状でできる最大限の措置であろうが、それだけでは甚大な損害を被ることは明らかである。

序章（十四頁参照）の産経新聞が掲載したような核爆発の場合には、確かに現状では地下鉄等を含め地下の方が、地上の構造物（ビル等）よりも、核爆発の殺傷効果（爆風・熱線・放射線効果）のうち、爆風と熱線の効果を避けうるという点ではよいであろう。しかし、地下鉄の出口付近で強風にあおられた経験があると思うが、現在の地下鉄設備のままでは、外から吹き込む風を防ぐことはできず、爆風効果に対する防護の点から考えた場合、かなり問題がある。諸外国のシェルターは外部からの殺傷効果が及ばないように出入り口を含め堅牢に作られている。また、死の灰やB、C攻撃下において長期間生存するために不可欠な換気装置を完備している。

民間防衛に熱心な国は、第一次世界大戦から永々と民間防衛施策、中でも県レベルで核攻撃にも耐えうるシェルター（当初は通常爆弾および毒ガス攻撃対処用）を建設しあるいは改良を加えつつ維持している。実際に危機が発生した場合には、国の指示があるなしにかかわらず、知事（市長）は自らの発意によって、民間防衛組織等にシェルターの準備強化を指示して、危機に対処する。国民も、それにどう関与するか、特に自分が「どこのシェルターに避難するか」をよく承知している。しかしながら、そのように法令によって個人用から企業に至るまでシェルターを保有させている国にあっても、費用対効果上から国民全員を収容できるだけの堅牢なシェルターは持っておらず、そのために、収容できない国民をどこに避難させるか、特に「ＮＢＣＲ防護機能のない地方等へ疎開させていいのか」ということに頭を悩ませている。

以上のように、国民保護の効果を高めるためには、シェルターの準備が不可欠である。特に大都市圏にあっては、堅牢な地上構造物および地下鉄、地下街を含む地下構造物が大量に存在することから、これらもシェルターとして利用できるように改良（耐弾性のある扉を含む堅牢性の向上、指揮統制施設・汚染洗浄装置・加圧および空気清浄装置・発電および給水装置等の設置、備蓄等の準備）することが急務である。

少なくとも、国あるいは県は、諸外国から資料等を取り寄せ、現在の国民保護計画の中で示しているように、避難先となる地下および地上構造部の強度等の実態を調査し、市、町、村の計画に反映させる必要がある。

また万が一、原子力発電所において事故が発生した場合でも、シェルターがあればより対応が容易になるであろう。

③国・地方自治体等職員と国民の意識改革の必要性

国および地方自治体等は、前述したように国民保護の司令塔として、実効性ある活動をすみやかに行えるようにならなければならない。国および地方自治体等は、ここ数年で一応計画を完成して、極めて初歩的ではあるが訓練も実施するようになってきた。しかしながら、差し迫った脅威と国民保護に対する意識が低いためか全職員が一丸となって真剣に取り組んでいるようにはみえない。このままでは、いつ武力攻撃が起きてもおかしくない時に、いつになったら本当に実効性ある態勢がとれるようになるのか、はなはだ疑問である。

職員の意識が低いとみられることについては、国民保護に対する国および地方自治体の取り組みが未だに国民に十分には周知されていないこと、あるいは担当部局の職員が新たな国民保護業務に習熟しないまま、二、三年で異動すること、また関係部局の積極的な協力が得られないという声が伝わってくることなどからも明らかである。

すべての職員は、国民保護法に基づく業務は、いつ、いかなる所で生起するかも知れないミサイル攻撃やテロなどに備えるものであるということを再認識し、自分達がやらなければ家族はもとより国民に多大な犠牲を強いることになるという強い自覚をもたなければならない。その自覚のもとに全職員一丸となって、国民保護という崇高な業務に取り組むことが強く求められる。そして、すみやかに職員一人一人が、自ら果たすべき役割を具体的に把握して、いつでも国民の先頭に立って行動できるように努めてもらいたい。

民間防衛に熱心な国の地方自治体の職員にとって、民間防衛の事態に備えることが、平時の業務の一つになっているということを強調したい。フィンランドの民間防衛に関する公刊書の一節には、「地方自治体の行政当局は、伝統的に民間防衛は必要悪だとは思っておらず、市民の安全を保障（確保）する重要なサービスである」と書かれている。

また、国民に対しても強調したいことがある。それは、国民保護とは国や地方自治体等が実施することで、自分達は保護される立場にあり、自分では何もする必要はないとか、あるいは国民保護はやりたい者だけがやればよいというものではなく、自分達の生命等は自分達で守るという強い意識をもって自らも実施しなければならないということである。

国および地方自治体は、このことについてもっと啓蒙を図るべきであろう。

国民保護は、議論ばかりしていても意味がなく、実際にやらなければ、またできなければ意味がない。シェルターは、相手を攻撃するものではなく、まったく受身の防護的手段であり、かつ整備には長期間を要すると思われることから、早急に整備を開始すべきである。

近年、ジュネーヴ諸条約第Ⅰ追加議定書等を根拠に、一部の地方自治体で「無防備地区宣言」条例を制定しようとする運動が行われている。これは、一見住民の生命財産を守るとの観点にたっているようであるが、何の備えもしないことを宣言する無責任な考え方であるといえる。

一方的な無防備地区宣言は、対応の暇の少ないミサイル攻撃や国際テロ組織による無差別テロ等の脅威に対しては意味をなさないばかりでなく、やっと緒につきはじめた国民保護に反対する危険な動きである。

たとえば、無防備地域宣言運動全国ネットワーク（二〇〇四年三月七日に全国四十自治体から百六十人余の参加で結成。略称は「無防備全国ネット」）のホームページ（二〇〇七年九月末現在）に、二〇〇六年四月二十五日発行の機関誌「全国ネットワーク会報第4号」の記事として「国民保護法の実質化を許さない取り組みの強化を！」と題する文書が掲載されており、「国民保護法の進行状況と問題点」「モデル計画にみる戦時体制作り」「住民自らが身を守る自助努力を強要」等の内容が紹介されている。

また、第Ⅰ追加議定書の無防備地区に対する攻撃禁止の規定は、戦争当事者である各国政府が有する権利でありかつ義務であって、一地方自治体の行う宣言は国際法上の何らの効果もないことは明らかである。

【「無防備地区」宣言の国際法上の効果について】

今日の日本において、武力紛争中に住民が自らの生命や財産を守るために、条例を採択して「無防備地区」宣言をするという運動が行われているいくつかの地方都市（自治体）がある。同宣言を行う理由は、①旧軍の経験から自衛隊は住民を守ってくれないこと、②この権利は一九七七年の「第Ⅰ追加議定書」五十一条一項に基づいていること、③二〇〇〇年の「国際刑事裁判所（ＩＣＣ）規定」八条二項ｂ（ｖ）で無防守地域に対する攻撃は重大な違反であると規定されていることなどである。

国際武力紛争法は、武力行使の正当性に関わる武力行使法（jus ad bellum）と、交戦（捕虜）資格者の制限、戦争犠牲者の保護、使用武器の制限等に関わる交戦法（jus in bello）がある。交戦法は、戦争の惨害を軽減するために発達したものであり、戦闘員と非戦闘員を厳格に区別し、非戦闘員を保護することに重点を置いてきた。一九〇七年の「ハーグ陸戦法規条約」は、非戦闘員を保護する目的で攻撃目標を「防守都市」とし、軍事目的に使用されない限り病院、学術施設、宗教施設を攻撃しないと規定したが、「無防守都市」については軍事目標だけを攻撃する軍事目標主義を採用した。

武器技術と戦闘方法の発達により非戦闘員の犠牲者が増大したため、国際人道法と呼ばれる戦争犠牲者の保護を目的とした交戦法として、「戦争犠牲者保護に関するジュネーブ四条約」が一九四九年に作成され、第二次世界大戦後に頻発した内戦に適用された。一九七七年には、戦争犠牲者の保護と戦闘手段や方法について規定する第Ⅰ追加議定書が作成された。同議定書は、従来の「無防守都市」である「無防備地区」に対する攻撃の禁止を規定する。

「無防備地区」は、「紛争当事者の適当な当局（appropriate authority of a Party）」が、①戦闘員が撤退し、移動可能な兵器や軍用施設が撤去し、②固定された軍用施設の敵対的使用がなく、③当局や住民の敵対的行為がなく、④軍事行動への支援活動がない地区について、境界を明確に定めた上で敵対する紛争当事者に宣言を行うことにより、特別の保護下に置かれる地区をいう。ここでの問題は、個々の地方都市（自治体）による「無防備地区」宣言が、はたして「紛争当事者の適当な当局」の宣言とみなされるであろうかということである。国際的武力紛争は主権国家間の武力闘争であり、交戦法は主権国家間に適用される規則である。したがって政府は、条約上の義務を履行し、かつ権利を行使することができ、義務違反があった場合は、政府が責任を負うことになる。地方都市（自治体）が宣言した「無防備地区」について、敵対国に責任を負うのは政府なのである。したがって、政府が承認していない「無防備地区」は、攻撃の対象を回避できる効果が期待できない。

赤十字国際委員会のコンメンタールは、宣言の主体はその内容を確実に遵守できる当局すなわち政府であるとする。政府が宣言できない場合には、軍当局との全面的な合意の下に、地方の軍司令官、市長、知事等の当局が宣言の主体となりうるとする。すなわち、地方都市（自治体）条例による宣言は、あくまで例外的に認められるのであって、その場合は軍当局の全面的な同意が要件とされているのである。したがって、政府も自衛隊も関知していない「無防備区域」は、たとえ地方都市（自治体）が条例を採択して宣言したとしても、国際法上は効果がないのである。

ウ　国家秘密保護法とスパイ防止法の制定

平成十八（二〇〇六）年七月、北朝鮮のミサイル連射の重要緊急事態が発生した際、米国は日本への情報提供を差し控えたようである。米国は、わが国の秘密保護体制が余りにもずさんなため、提供した情報が北朝鮮あるいは中国その他の国へ筒抜けになることを恐れたためといわれている。今後、日米共同の核戦略の構築やBMDシステムの整備などわが国の核抑止・対処体制の強化、あるいは米軍再編そのほかを通じて日米の「戦略的融合」あるいは「軍事的一体化」が進んでいけば、情報の共有とともに秘密保護のあり方が厳しく問われることになる。

日本は、世界的にみて国家の秘密保護が極めてルーズであり、スパイが勝手気ままに跋扈する「スパイ天国」という悪評を受けている。その原因は、わが国には「情報公開法」はあっても「国家秘密保護法」がなく、秘密保護の体制が極めて甘くかつ杜撰であると同時に、スパイ行為（諜報活動）を禁止する法律がまったくないことにある。

わが国の国家秘密保護上の現状を分析すると、以下の問題点を指摘することができる。

第一は、わが国には中央省庁間はもちろんのこと、国全体の秘密保護を統一的かつ包括的に律する法律がないことである。

現状は、国家公務員法第百条の「秘密を守る義務」に基づいて各省庁がバラバラの秘密保護体制をとっており、統一された秘密保護の体系は存在しない。その中で、防衛省は、その取り扱う秘密の情報が漏えいすればわが国の防衛に重大かつ深刻な影響を及ぼすとの認識の下、自衛隊法に明記された守秘義務に基づき、陸海空自衛隊においては秘密保全に関する訓令・達を定め、部隊においてはさらにその細部実施について規定するなど、厳格な秘密保全体制を整備している。しかしながら、そのほかの省庁の多くは、いわゆる文書管理規則や秘密漏えい処罰規則は存在するが、秘密の定義、秘密区分の指定、秘密文書等の取り扱い要領、秘密保護組織、秘密保護のための点検・検査など秘密保護制度そのものが十分に整っていないという指摘がなされている。したがって、たとえば秘密に該当する情報が外部へ持ち出されたとしても、秘密漏えいとして罰することができない場合もありうるのである。

第二の問題は、諸外国と比較して、秘密漏えい時の罰則が緩やかであるということである。

たとえば防衛省の規則によると、秘密の漏えい罪はこれまで懲役一年以下であったが、平成十三（二〇〇一）年の隊法改正で、防衛秘密の漏えいは五年以下の懲役へと罰則が強化されている。一方、日米相互防衛援助協定等に伴う秘密保護法によると、同じ漏えい罪でも十年以下の懲役に処せられることになっている。このように日米関係に関することは、米国の秘密保護基準にしたがって設定されており、一定のグローバル・スタンダードを満足した厳しい規定となっているが、国内法の規定は列国と比較して依然として甘いといわざるをえない。

第三の問題は、規則の対象者は国家公務員が中心であり、一般国民が含まれていないことである。

前述の日米相互防衛援助協定等に伴う秘密保護法では対象者は限定されず、一般国民も含まれている。しかし、わが国独自の防衛上の秘密については、対象者は当該秘密を取り扱う者、すなわち防衛庁職員、防衛関連職務に従事する他省庁職員および契約業者の職員等とされており、一般の国民はその対象から除外されている。なお、秘密漏えいには、政治家やマスコミ関係者、庁舎の清掃に入った作業員などが関与している事例があるとの指摘もあり、その点も十分考慮して対策を講じければならない問題である。

第四の問題は、情報セキュリティーという新しい問題に対し、国として確かな体制がとられていないことである。

海上自衛隊の護衛艦の秘密文書を含む情報がインターネット上に流出する事件がおき

た。このような事案は、自衛隊だけでなく警察でも発生しており、官庁の秘密保全意識の低さと不徹底な情報管理体制を露呈する結果となっている。

また、世界がＩＴ化している中で、現代戦においては情報戦の成否がその結果を左右するキー・ファクターになっており、サイバーテロに対する情報セキュリティー、あるいは逆に相手に対してサイバー攻撃を仕掛ける能力を保有することは、わが国防衛上必須の要件である。

情報セキュリティーについては、平成十七（二〇〇五）年に「内閣官房情報セキュリティーセンター」が設置され、情報セキュリティー政策の統一的かつ効率的な遂行を図ることを目的に活動はなされているが、実態は各省庁がそれぞれの任務・所掌事務の範囲で、各別に遂行している状況にある。しかし本件は、一途の方針の下、国家としての実効性をもって一元的に対処しなければならない問題であり、すみやかに解決しなければならない課題といえよう。

米国は、英国、フランスをはじめＮＡＴＯ加盟国を中心に、約六十カ国との間に、「軍事秘密一般保全協定（ＧＳＯＭＩＡ＝ジーソミア）」を締結している。この目的は第三国への秘密情報の漏えい防止であり、情報を提供された側の国には、厳しい秘密保護と処罰が義務づけられている。またその対象は、研究開発、装備品の調達、訓練、運用、作戦情報に至る極めて広範かつ包括的なものである。米軍再編の日米中間報告では、「共有された秘密情報を保護するために必要な追加措置をとる」と明記され、日米両政府は平成十九（二〇〇七）年八月十日にはＧＳＯＭＩＡに相当する「日米軍事情報包括保護協定」を正式に締結した旨が新聞等で報道された。しかしながら、二国間協定を締結する前に、わが国の国内体制をしっかり固めておかなければ、その新たな協定も砂上の楼閣に過ぎず、有効に機能しないことが懸念される。

したがってわが国は、すみやかに国家秘密保護法を整備する必要がある。そして、その内容は、中央省庁から一般国民を含む国家全体を対象とし、罰則も国際標準を十分に考慮するとともに、新たな情報セキュリティーの問題も取り入れた統一的かつ包括的なものでなければならない。

一方わが国では、最近も、スパイ活動にかかわる事件が官民をまたいで頻発している。①平成十二（二〇〇〇）年、現職の海上自衛官が、在日ロシア大使館付武官に秘密文書を手渡した事件が、また、②平成十九年（二〇〇七）年にはイージス艦の特別防衛秘密漏洩事件が発生した。

北朝鮮は、ミサイルや核兵器開発など軍事転用が可能な先端技術や宇宙開発関連技術の取得工作に奔走している。③産経新聞（平成十年九月二十日付）によると、朝鮮労働党の秘密機関の指示を受け、平成二（一九九〇）年の一年間に、五人の日本人技術者をひそかに平壌に招きよせ、ミサイル開発に協力させたことが報道されている。

また中国も、高度な先端技術や海上自衛隊の潜水艦に関する情報などを入手するため、盛んに非合法の工作活動を展開しており、これに関連した様々な事件が伝えられている。④平成十八（二〇〇六）年一月二十三日、静岡・福岡両県警が摘発したヤマハ発動機の無人ヘリの不正輸出事件では中国共産党中央対外連絡部のスパイ工作員がブローカーを装って暗躍しており、輸出された国産無人ヘリはすでに軍事転用が行われているようである。

さらに最近の事例として、⑤町村信孝官房長官が平成二十（二〇〇八）年一月十七日に公表した、内閣情報調査室の男性職員が在日ロシア大使館員から情報提供の見返りに現金を受け取っていたとする事件が報じられている。

このように、わが国におけるスパイ活動は、「スパイ天国」の名の通り、まさに野放し状態である。そして、わが国の核抑止・対処体制の強化など日米の「戦略的融合」が進展すればするほど、その方面の工作に拍車を掛けることとなろう。したがって、重要情報の流出や国家的危機を未然に防止して安全を維持するために、わが国も列国と同様、何としても「スパイ防止法」を制定し、熾烈な諜報戦に徹底して備えなければならない。

産経新聞の平成二十年一月十五日付け報道によれば、経済産業省が、秘密情報を不正に入手しただけで摘発できる新法「技術情報適性管理法」（仮称）を制定する方針を固め、二十一年度の通常国会に法案を提出するとのことであり、その狙いは、次のとおりとされている。

○海外への情報流出が深刻化する中、これまで刑法では摘発できなかった「情報の窃盗」を取り締まり、企業の競争力を保護する。
○軍事転用が可能な技術の流出を防ぐ。
○さらには特許法も改正し、安全保障面で重要な特許は非公開とする。

この動きは、秘密保護強化の観点からは歓迎すべきものではあるが、産業分野だけに限られており、国家安全保障全般からみた場合、まだまだ不十分といわざるをえない。

第三章　将来の選択肢としてのＮＡＴＯ型核共有等の模索

長期的な視点に立ったとき、日本の核保有の選択肢として考えられる有力な案は、NATO型の核共有である。大きくは第二章-（一）-ア項で概説した英国型、フランス型、ドイツ型の三種類の選択がある。このような選択肢が出てきた背景には、一九六〇年代初期の冷戦最盛期におけるNATOに共通する核戦略上の課題があった。それは、ソ連との全面戦争を抑止するための体制をどう構築するかという差し迫った安全保障上の根本的問題である。この当時のNATOの置かれた立場と、現在の東アジアにおける状況には共通点がある。それは、独裁体制側の国家が核戦力を強化し、日本はじめ東アジア自由圏諸国に対する米国の核抑止力が今後とも機能するか疑念を感じさせる状況になりつつあることである。このように類似した状況の中で、当時の英仏独など欧州各国がとった選択はそれぞれ異なっており、それは現在も続いている。

急速な経済発展を背景に軍事力の近代化を加速する中国の動向をみると、中長期的にはわが国を取り巻く核戦略環境は悪化することはあっても好転することはないであろう。そうした中でわが国が行うべき当面の施策（①日米安保体制の強化、②わが国の防衛体制の見直し、③国内体制の整備）については、三項で述べた。しかし、これは、あくまでも当面の施策であり、これまで疎かにしてきた核論議のつけを是正するために今できることをすみやかに行うという趣旨であり、喫緊の課題である。

独立国日本が、中長期的な視点に立って主体的に米国との同盟関係のもとでの核抑止・対処体制を考えるならば、とるべき選択肢は、ＮＡＴＯ各国の核抑止体制の中のいずれかとなるのではないだろうか。そこで、ＮＡＴＯ各国がそれぞれの体制をとるに至った核共有の歴史とあり方をみて、今後わが国が検討すべきその選択肢について考えてみたい。

（一）ＮＡＴＯにおける核共有の歴史と各国の核共有のあり方

東西冷戦時代、欧州では米国を中心とする自由主義圏諸国の軍事ブロックである「北大西洋条約機構（ＮＡＴＯ）」と、ソ連を中心とする社会主義諸国の軍事ブロックである「ワルシャワ条約機構（ＷＴＯ）」が、東西ドイツを第一線として欧州を二分する形で対峙していた。一九六二年に出版されたソコロフスキー元帥の『軍事戦略』では、「ソ連の指導者は制約のない全面核戦争の用意がある」と表明している。全面核戦争の危機は当時のＮＡＴＯ諸国にとり、まったくありえないことではなかった。他方ＮＡＴＯは通常兵力の面ではＷＴＯに対し劣勢にあり、ＷＴＯの圧倒的地上兵力に対抗するには核抑止力に大きく依存せざるをえなかった。

そのためにはＮＡＴＯ同盟国全体が一体となり一貫性のある核作戦計画を策定し、明確な指揮のもとに行動できる体制を構築しておかねばならない。しかし、ＮＡＴＯとしての一貫性ある共同作戦計画を策定する上で最大の争点となったのが、核作戦の指揮権限を米国と各同盟国の間でどのように規定するかという問題であった。全面核戦争への拡大を招きかねない核作戦に関する指揮権限については、五十年代からすでにＮＡＴＯ諸国間では深刻な問題と認識されていた。

米国が核作戦の指揮権を排他的にすべて保有すれば、最も確実かつ容易に核作戦全般の指揮の統一と作戦計画の一貫性を確保できる。しかし、米国が同盟国に対し、核作戦に関する情報も計画策定段階で意見を提出し、作戦に関与する機会さえも与えなかったならば、同盟国は無力感に陥る。一方、米国は同盟国の潜在的な防衛能力を有効に活用できなくなる恐れがある。すなわち、同盟国の防衛上の役割は、敵の侵攻を察知し警告を発する機能に限定され、自ら発動できる阻止能力をもつ必要性がなくなる。その結果、同盟国は、米国の期待に応える本格的防衛努力を行う動機を失い、米軍に対する協力も施設や基地提供にとどまることになる。その結果同盟国は、米軍に自国の防衛そのものを全面的に依存するようになるか、ＷＴＯ軍の圧倒的地上戦力と核恫喝の前に抗戦意思を喪失し屈服してしまうかのいずれかになることが案じられた。

この問題を解決するにはＮＡＴＯ同盟国に対し、核作戦の指揮権に関する何らかの関与を容認する、言い換えれば何らかの「核共有（Nuclear Sharing）」を認める必要があった。このため、すでに五十年代末にＮＡＴＯ諸国は、核戦略の構想と計画の策定を米国と共同で行い、米国の核武装のパートナーとなっていた。また軍事的統制面では、欧州に配備された核兵器の多くが、同盟国と米国双方の同意の下に発射されるという「二重キー方式（two-key system）」(注)の統制下に置かれていた。

【二重キー方式（two-key system）】

弾道弾搭載原子力潜水艦（ＳＳＢＮ）、大陸間弾道弾（ＩＣＢＭ）発射サイロなどの核兵器発射母体の発射ボタンを、権限をもった二人の人間が、同時に操作しなければ発射しないように作られたシステム。通常、一人で同時に操作できない距離（三メートル程度）だけ離隔した二つの発射ボタンを、二人の操作員がそれぞれの暗号とキーを使いロックを解除して、同時に押さなければ発射しない。dual-key systemとも呼ばれる。誤操作による核兵器の発射を防止し、また操作員が発狂した場合など不慮の場合にも一人の人間により核兵器が発射されることのないよう、このような発射システムがとられている。NATOでとられている「二重キー方式」は、同盟国軍人と米軍人の二人が同時発射した場合のみに発射される核兵器発射システムを意味している。現在のNATOでは"two-person rule"として、「一個人が核兵器に近づけないよう設計されたシステム、または不正なあるいは規定外の手順を見抜く能力を持つ二人以上の要員が常に所在しければならないように設計された核兵器の構成品」と定義されている。

政治的統制面でもNATO理事会では基本計画、目標、戦略、展開などについて統合による分析が行われていた。特に「欧州同盟国最高司令部（SHAPE：Supreme Headquarters Allied Powers Europe)」では、NATOの核攻撃の目標について同盟国間の幕僚により分析が実施されていた。

しかし、このような欧州同盟諸国の関与は認められていたものの、統一された核戦略の構築には成功せず、NATO諸国の間では特に、米国が核作戦の指揮権を独占しNATO同盟国に譲り渡そうとしないことに不満が高まっていた。

他方、米国は、核拡散を最小限に止めることが国是となっており、核作戦の指揮権を他国に譲ることについて議会の賛同は得られないものと認識していた。またＮＡＴＯ諸国の技術水準や政治統合が不十分であり、ＮＡＴＯ各国に核作戦の指揮権を譲るべきではないとみなしていた。

このような問題に対応するため、一九六〇年、米国側からＮＡＴＯ加盟各国に提案されたのが「多国間核戦力部隊（ＭＮＦ：Multilateral Nuclear Force）」構想であった。その内容は、ポラリス・ミサイルを搭載した潜水艦または艦艇から成り、経費を分担している各国の乗員から編成される。核兵器は米国から供給（furnish）され、米国の統制下に置かれる多数国の軍からなる核戦力部隊を創設するというものであった。

しかし核作戦の指揮権、核兵器の管理権は依然として米国の独占下にあり、ＮＡＴＯ諸国は納得しなかった。その際に問題となったのが、統一された核戦略の構築、核戦力の編成、装備、核計画の策定、指揮統制権などであった。特に最後に誰が核の引き金を引くのかが最大の争点になったが、その解決策は、各国の国益、国情、米国との関係により異なっていた。

ア　英国の場合

英国は、一九六二年のナッソー協定に基づき当時すでに米国から潜水艦発射弾道弾ポラリス（現在はトライデント）の供給を受ける一方で、ポラリス用核弾頭と最初の弾道弾搭載原子力潜水艦（ＳＳＢＮ）を自ら建造するなど、米国との間には特別な協力関係を築いていた。

英国は一九九七年に労働党政権下で出された『戦略防衛見直し（Strategic Defense Review）』において、今後トライデント・ミサイルの作戦可能な核弾頭数を半分に削減し、総爆発出力を三十パーセント削減する

英国国産のトライデント搭載原子力潜水艦「ヴァンガード級SSBN」
（出典：英国海軍Web Site）

など、核軍備管理に努めている姿勢を強調している。しかし「英国もＮＡＴＯも核兵器への依存は劇的に削減しているものの、現状のもとでは、核抑止は、大規模な戦略的軍事的脅威の再出現に備え、核による強要を防止し、欧州での平和と安定を保つ上で、依然として重要な貢献を果たしている」と、必要な核戦力を維持することを明言している。

トライデント型潜水艦による抑止のための哨戒活動を停止する、あるいは核弾頭をミサイルから外して保管するなどの案が検討されたが、現在の体制に比較して十分に信頼できる最小限の抑止力を維持することはできない。なぜなら、抑止のための哨戒活動を停止すると、再び哨戒が必要な情勢になった際にかえって哨戒活動再開により新しい危機水準の高まりを招く恐れがあるためである。

トライデント・ミサイル
（1982年版防衛白書）

英国は、現在もＮＡＴＯ戦略に統合している米国以外の唯一の核保有国である。英国は

NATOに核戦力を提供する一方で、国益が脅威に曝されたり同盟国によって防衛されなかったときは、NATOと離れいつでも単独に核兵器を使用することができる。反面英国の核兵器は、米国が核作戦を行う際の核作戦計画とみられる「単独統合作戦計画（SIOP：Single Integrated Operational Plan）」の一部に組み込まれている。このことは、ほかのNATO同盟国の同意を得なくても前もって決定された米国の計画によって、英国の核兵器が発射されるケースがありうることを示しており、英国首相の独自の指揮権が完全に保障されているとは言いがたい面がある。

【単独統合作戦計画（SIOP）】

一九六〇年から策定されており、米国の核兵器が核攻撃に際してどのように運用されるかを規定している。米国大統領のみが米国国防長官の補佐のもと、計画の実行を命ずることができる。ただし命ずるには統合参謀本部議長と協議しその同意を得ねばならない。クリントン政権下ではSIOPには、四つの大規模攻撃、六十五の限定攻撃、およびロシアと中国以外の目標に対する様々の多数の攻撃に関する選択肢が含まれていた。

核攻撃目標としては世界中の一万五千箇所が情報収集リストにあがり、現在はそのうち三千がＳＩＯＰの目標リストに列挙されている。その七十五パーセントはロシア国内にあり、一千百は核兵器サイトである。冷戦崩壊後ＳＩＯＰは劇的に変更された。新たな選択肢の一つでは、ＳＩＯＰエコーと呼ばれる核遠征部隊が、基本的には中国あるいは第三国などの目標に対して使用されることになっていると報じられている。英国は核抑止のため四隻のトライデント搭載バンガード級ＳＳＢＮを運用しており、二つの任務を課している。その第一は、核攻撃に対する英国のみによる核報復のため四隻の一部（通常一隻）または全力で核攻撃を行うこと、第二の任務が、ＳＩＯＰに参加し、その中で定められた役割を果たすことである。特に後者の場合は、米国海軍のトライデントと実効上区別できない。その役割は、ソ連の核攻撃に対するＮＡＴＯの報復の一部を担任することであった。バンガード級四隻は最大五百十二目標、米軍の全目標数の七パーセントに相当する目標を攻撃できる。

また英国のトライデント・ミサイルは米国から借り受けたものであり、維持修理のため米国に引き渡されたとき、米国が返還を拒否する可能性があること、あるいは英国のトライデント・ミサイルは、その飛行中、米国のトライデントと見分けがつかないといった問題も抱えている。

前者の問題点については英国の国防白書などによれば、緊急時に枢要な部品の供給が止められ核兵器が使用できなくなることを回避し、核戦力の即応性と米国に対する指揮権の自律性を維持するため、英国は自国の核弾頭や弾道弾搭載原子力潜水艦（ＳＳＢＮ）については米国と異なる装備、指揮・統制・通信系統、ＧＰＳを維持することに努めているとされている。

後者の問題点は、たとえ英国のみによる核報復を意図したとしても、英国が一発でもトライデントを発射すれば、ロシアによりそれが米国による初期攻撃の一部と誤認され、ロシアが一撃での壊滅を避けるため総反撃すれば、全面核戦争になる危険性をはらんでいることを示している。他方米国からみれば、英国が米国の意思に反して核攻撃を行った場合に、自国が核報復を受ける危険性を甘受しているともいえる。

政治、軍事両面において、両国間での平時からの緊密な相互の了解と信頼がなければ、このような関係は構築できないであろう。米英間の特殊な関係の象徴といえる。このようなシステムにより、単なる外交上の口約束ではなく、ハードと指揮統制の両面から米国と英国の核抑止のリンケージはこの上なく確実なものとなっているといえよう。

英国の方式は、このように完全な自律的指揮権を確保しているとは言いがたい面がある

が、その反面米国の核抑止力とのリンケージは英国が単独で核発射した場合も機能すると
みられ、米国核戦力との一体化という面では理想的な姿ともいえよう。

イ　フランスの場合

フランスは、ドゴール以来、米国がフランスや欧州を防衛するために本当にソ連との核戦争の危険を冒す覚悟があるのか疑念を抱いていた。また米国が核戦略全般にわたる協議(consultation)を行うことなく、一方的に重要事項を変更することに苛立っていた。フランスは、米国とまったく対等の「世界全般に利害関係を有する国家」としての立場で、基本的な構想や計画策定段階から参加し研究できれば、同じ見解に達するに違いないとして、ＮＡＴＯとしての共通的構想、計画の策定のためにも、構想や計画全般を開示せよと要求した。

他方米国は、自らは望まない核戦争に引き込まれることを懸念し、米大統領の指揮権の及ばない核戦力の拡散が進むことを懸念していた。核拡散防止は当時すでに米国で法制化されていた国是でもあり、核兵器の指揮権は譲れないとする立場は変わらなかった。

フランス側は、同盟国とはいえ使用決定権が別の独立した核戦力が存在する意義につい

て、①潜在的侵略国にとり抑止に関する問題が複雑になり、わが方の意図や目的の見積りが不確実になることで抑止がより安定化する、②第三国の死活的利益に対する攻撃の潜在的リスクを明白にすることで、誤判断を防止できる、さらに③潜在的侵略国にとり第三国が存在することで、わが方の核の先制使用の可能性が高まる、その結果これら三つの複合効果により抑止力が高まると説明している。また同盟国間に不確実性が波及するのを回避するためには米国との核抑止戦略に関する緊密な協議が必要だが、緊急時には敵国に米仏間の協力関係の度合いについて疑惑をもたせ、わが方の核抑止力の柔軟性と効果を高めるとしている。

以上の主張は、現在でも中小国の核戦力の意義についてしばしば述べられる理由づけであり、妥当性はある。しかしその論理は、米国を含むNATO同盟の一員としての立場を前提としている。フランスも、米国やほかのNATO同盟国への影響を考慮せず、自国の国益のみで核使用に踏み切ることはなく、あくまで同盟全体の抑止力強化に役立つという観点から、独立的核戦力保有の正当性を主張している点は注目される。事実、ボーフルは「核同盟は、一体となって敵に対する抑止ゲームに勝利する用意がある」と表明しており、フランスも米英の核抑止力との連携意思を明示している。

他方、フランス案は欧州独自の核につながる側面もあったが、この点については、「世界的な利害関係」を持たない英仏以外の欧州各国、特に西独に対する核拡散への警戒感から、フランスも欧州独自の核を持つとする決断には至らなかった。

フランスの案がまったく顧みられなかったわけではない。ガロアが提示した、米国が欧州同盟国の核兵器取得計画への参画を認め、ミサイル、指揮統制電子装置に関する仕事の一部を欧州同盟国に委譲し、欧州各国の意欲と資金協力を引き出すとの案は、その後一部取り入れられている。米側もＮＡＴＯ全体としての警告システムと情報室を含むＮＡＴＯデータ処理システムを構築し、それを各国の主要意思決定者間のネットワークに接続し、加盟国間の統合された意思決定に使用するとの対策を提示した。

ただし、核兵器の運用と取り扱いは米軍に一任することとされ、協定には「米大統領が事前プログラムの全般を無視（override）する余地を残す」ものとされた。その意味で事前プログラムは、通常の大統領による意思決定では間に合わないかできない場合の緊急用のものであり、大統領の意思決定を支援するものであった。この点で米側の譲歩はなく、核作戦に関する意思決定権は米大統領が専権するとの方針に変りはなかった。

結局、米仏間の合意は成立せず、フランスは、独自の核戦力システム構築の道を進んだ。

しかしフランスの独自核戦力は、NATO同盟を逸脱したものではなく、その一員として抑止力を強化することを狙いとするものであり、フランスが強く要求した欧州側の主権尊重については、一部取り入れられたともいえよう。

ウ　西ドイツ、その他の諸国の場合

西ドイツは、一九六〇年代にはまだ再軍備に対する警戒感から、ほかの同盟国による核武装に対する疑念を強く受けていた。これに対し、このような態度はソ連側の西側同盟分断のための宣伝に乗じられるものであり、独自の核保有の意思はないと言明している。西ドイツはソ連軍の中部欧州における狭い侵攻路上に位置しており、戦術核兵器を配備しておくことにより、ソ連軍が集中するのを妨げることができ、その意味で核戦力は重要であるとしている。

反面、①人口稠密であることから、自国領土での核兵器使用は極力回避すべきであり、核戦略にも柔軟な対応が必要である、②強力な報復力よりも抑止力としての核戦力に関心がある、③万一核が使用されても最小限に止めて、国民の損害を回避することが最も肝要であると主張している。

また、ＭＮＦ案については賛否いずれでもなく、決定に従い義務を果たすが、経費負担の面で以下の理由から水上艦艇案が望ましいとしている。ソ連軍の侵攻を阻止するためには膨大な通常戦力を必要としており、そのための予算と、膨大な経費を要するＭＮＦ構想との経費配分を考慮する必要がある。この点でポラリスの潜水艦配備案よりはより安価で乗員の訓練も容易な水上艦艇配備が望ましい。ただし、乗員の混乗は混乱をもたらす。むしろ上級司令部レベルでの共同が重要である。また国土が狭隘《あい》なことから地上配備の核ミサイル案も避けたいとしている。

政治的統制のための組織としては、米英仏とＮＡＴＯ事務局長による意思決定機関とＮＡＴＯ理事会の権限強化案を提示しているが、何よりもＮＡＴＯの結束が重要であると強調している。

このような協議の後、西ドイツ（当時）、イタリア、カナダ、オランダ、ベルギー、ギリシャ、トルコの七カ国（後、カナダは一九八四年に、ギリシャは二〇〇一年に脱退）は、核不拡散条約における非核保有国の立場のまま米国と秘密協定を結び、核抑止力を確保するという道を選んだ。すなわち、平時から核兵器を保有することはないものの、核作戦計画策定時の目標選定への参加、核関連情報の共有などを行い、米軍からの核兵器使用に関する訓練を受けておき、有事になれば米国の合意の下、指定（earmarked）された核兵器に関する使用権を行使するという方法を採用した。

　現在のNATOでは、協定に基づき指定されている核兵器は、F-15、トーネイド等の戦闘爆撃機に搭載する核爆弾のみである。これらの核爆弾は平時においては米軍の核爆弾補給管理専門部隊である「弾薬支援隊（MUNSS：Munitions Support Squadron）」の厳重な管理下に置かれており、核兵器の保管、情報共有、展開・使用、第三国での保管については、協定に基づき厳密に規定されている。また計画上、核使用はもともと在欧米軍の責任対象地域内に限定されていたが、冷戦崩壊後は域外に拡大されている。

　このような平時から協定に基づき目標選定と情報提供、訓練のみを受けておくとの核共有の方式では、有事には「米国国家最高指揮権限者（U. S. National Command Authority）」である米大統領の命令に基づき、核爆弾の譲り渡し（handling over）が行われる。米国の指揮・管理下にある核戦力としての実態に本質的変化はなく、同盟国の核作戦に関する指揮権限は「象徴的」なものと言える。

（二）日本としての核共有の選択肢

日本としてとりうる選択肢は、①引き続き三原則を守り、防護だけしつつ米国の核の傘に依存するか、②英国型、③フランス型、④ドイツ型のうちのいずれかを、日本の国情に応じて修正したものにすべきである。

ア　引き続き米国の核の傘に依存【選択肢その一】

この選択肢は戦後のわが国の核政策を基本的に踏襲するものであり、政治的可能性が最もあり、国内外の抵抗の最も少ない選択肢である。

しかし、わが国を取り巻く環境については、先述したとおり、米国の核の傘に全面的信頼をおくことが困難になる諸要因がすでに顕在化しつつあり、今後わが国を取り巻く戦略環境が大きく変化すると予測される。特に、米国と、中露さらには北朝鮮などわが国周辺の敵対的な核保有国との間の核バランスが米国側の不利に傾き、米国の核の傘、核抑止力が効力を発揮しえない危険な水準に達するおそれがある。

現状の推移から予測すれば、そのような事態に至るまでの期間は十数年程度とみられ、核戦力整備に必要な期間を考慮すれば、現段階で決定を下さなければ、間に合わない時点に来ているといえる。

その意味で、本選択肢は最も安易ではあるが、最も危険な道である。すでに兆しをみせている脅威に対し備えることなく、脅威を増大させるに任せることになりかねない。その結果、回避しうる危機を自ら招き寄せ、ひいてはわが国の安全保障を危機に曝す結果をもたらしかねない危険な選択である。

戦後、わが国が前提としてきた、非核三原則などの核政策の基本方針を転換すべき時が到来しているにもかかわらず、この認識を欠く本選択肢は、責任ある安全保障政策として掲げることはできない。

イ　英国型の日米共同SSBN部隊構想【選択肢その二】

英国方式には、ほかの選択肢にはない利点がある。すなわち、トライデント・ミサイルを米国と共有することと、米国の核作戦計画の一部に組み込むことにより、米国の核抑止力と確実にリンクさせることができるという、米核抑止力への信頼回復の上での利点である。日本の選択肢としては、種々の困難を排して最大限に追求すべき案といえる。しかし、克服しなければならない、いくつかの問題点も存在する。

まず国際環境と国内事情がそれを許すかという問題がある。ＮＰＴ体制から離れ核保有を目指すことになるため、種々の政治的外交的リスクを乗り越えねばならない。また反核を主張する国内勢力や国民感情の抵抗感も克服する必要がある。これら政治的制約についてはここではこれ以上立ち入らない。しかし情勢しだいでは国内世論も国際環境も変わりうることを念頭に入れておく必要がある。

核戦略上最大の問題は、米国大統領の核作戦指揮権限と日本の首相の指揮権限との関係をどのように律するのかという点にある。

「米軍の戦争に関する最高指揮権限は米国大統領に全面的に委ねられており、米軍の司令官が他国の指揮官の指揮に従うことはありえない」とするのが、米国の戦争指揮権限に関する原則である。特に、核作戦の場合は、関与する各国の意図を離れて全面核戦争に脅威レベルが拡大するおそれがある。他方、近年核兵器は小型化され、また通常兵器との両用化、精度の向上、核爆発威力の低下が進んでいる。核爆発時の放射性物質の残留物や爆発周囲の地面、空気などの誘導性物質からなる粒子をフォールアウトと称するが、フォールアウトは主に風下に流されて広範な地域を汚染する。現代の核兵器は、フォールアウトなどによる目標以外への二次被害を避けながら通常兵器並みに柔軟な運用することが可能になり、「使える兵器」としての性格が強まっている。それだけに米国大統領による各レベルにおける核作戦の最高指揮権限に対する統制は強められる趨勢にある。

このことは戦略核作戦部隊の一部であるSSBN部隊についても変わらない。米国のSSBN部隊は米国大統領が一元的に指揮することになっている。その一部からなる共同SSBN部隊の攻撃目標について同盟国の意見を取り入れることはあるが、その際同盟国との共同SSBN部隊の司令官は、当該地域の米統合軍司令官が兼務することになるとみられる。

六十年代はじめNATOでMNF構想として共同SSBN部隊構想が出されたとき、その司令官はNATO軍司令官、すなわち米大西洋軍司令官が兼務することになり、米大西洋軍司令官は米国大統領の指揮のみに従うことから、NATO共同SSBN部隊の指揮権も実質的に米国大統領が持つものと解釈された。事実上、米国大統領による一元的指揮に等しい。キッシンジャーはこの問題がNATOで取り上げられた六十年代にすでに、核攻撃目標に関する同盟国の意見取り込みは「象徴的」なものであり、核作戦に関する米国大統領の指揮権限を侵すものではないと断じている。

このような考え方にたてば、日米間で仮に日米共同のＳＳＢＮ部隊が編成された場合も、米太平洋軍司令官が共同ＳＳＢＮ部隊全体を指揮することになるであろう。「核共有」、核の引き金の「二重キー方式」とはいっても、実質的な指揮権が最終的に誰に委ねられるかが最も肝要な問題である。

キッシンジャーは、ＮＡＴＯの共同ＳＳＢＮ部隊構想についても、実質的には米大統領が一元的に指揮することになると明言している。すなわち、仮に同盟国が核攻撃を要求し、米国が拒否した場合はＳＳＢＮによる核攻撃はなされず、逆に米国が核攻撃しようとしたときに同盟国が反対しても、米国は攻撃することになると明言している。この構想の実現可能性は、日米間の核作戦指揮権に関する協議が成り立つかどうかにかかっていると言える。

また日米間ではＮＡＴＯと異なり、多数国対米国ではなく一対一であり、指揮統制、管理などに関する協議、合意事項の徹底は容易であるが、反面、単独で米国と交渉せざるをえない日本の立場は弱くなる。

指揮権を要求するのであれば、日本が保有するＳＳＢＮの建造費、できれば核弾頭も日本の予算と技術で製造するのが望ましい。そうでなければ、指揮権は要求できないし、いざという時に部品が足りない、整備中などの理由で使えなくなるおそれがある。英国同様に、指揮統制関係の指揮・通信システム、ＧＰＳなども最小限独自のものを保有しておく必要がある。

国産の原子力潜水艦を建造する能力については、日本の通常動力型潜水艦の能力は世界最高水準にあり、原子炉の小型化ができれば建造することは可能であろう。今でも乗員の訓練水準は高く、潜水艦の運用実績もあり、実戦配備も可能であろう。ただし、ＳＳＢＮに関連する指揮統制・通信システム、運用要領、機密保全、訓練などの分野では、米国からまず学ぶ必要がある。ミサイルについても弾道ミサイルも巡航ミサイルも基礎技術はあるが、潜水艦発射型にするのには新たな研究開発が必要であろう。米国と新型ＳＬＢＭを共同開発し共用できれば最も望ましい。ハード面から核抑止のリンクが機能することになる。

具体的な指揮統制組織のあり方について、同一艦に日米が混乗し現場レベルでの核の引き金を同時に操作する「二重キー方式」は、一応実行は可能ではあるが、以下の問題がＮＡＴＯ内でも早くから指摘されてきた。すなわちＳＳＢＮへの混乗は、一部の乗組員に過度の負担を強い、艦内での相互不信、指揮系統の混乱、機密漏洩等の恐れがあり、実運用上問題が多い。現場指揮官としては避けたい選択であり、危機管理上も問題がある。このような観点から、混乗は当初の訓練段階など最小限に止めるべきであろう。すなわちＳＳＢＮへの混乗を前提とする「二重キー方式」も好ましい方式とはいえない。実任務に就く部隊を多国籍の混乗部隊にするのは避けるべきであろう。

現場レベルではなく高級司令部レベルでの日米の共同調整がむしろ重要である。ＳＨＡＰＥのような共同核作戦司令部を作り、その中で平時から核戦略構想、核作戦計画の目標、核作戦部隊の運用などについて緊密に調整しておき、錯誤や相撃のないよう万全を期しておく必要がある。

英国のように日本の核作戦計画が米国の核作戦計画である単独作戦計画の一部に組み込まれるのは、米国の核抑止力との一体化を追求する以上、やむをえないであろう。しかしその場合でも、日本の首相の指揮権限は、太平洋軍司令官から米大統領という指揮系統とは別の独自の指揮系統が日本のＳＳＢＮ部隊司令官に確立され、いつでも首相の命令が的確に伝わるようにハード、ソフト両面で体制を整えておくことがきわめて重要である。もちろん、最高首脳間のホットラインが政治、軍事両面で、日米間に常に維持されていなければならない。

抑止効果についても、共同核作戦司令部が日本に所在していれば、日本に核恫喝がかけられた場合に、米国も同司令部の存在を介してその脅威に曝されることになる。そのため米国との核抑止のリンク機能が強化されることになる。また共同核作戦司令部はミサイル防衛システムにより厳重に掩護されていなければならない。

これらの措置、対策をとれば、最も日米一体となった核抑止体制が保障されるであろう。ただしその前提として、互いに最悪の場合には相手国の意思により望まない核戦争に巻き込まれることになっても構わないという、米英間に匹敵する真の相互信頼関係が築かれねばならない。

ウ　フランス型の独自核戦力システム保有【選択肢その三】

英国型を追求しても指揮統制権などをめぐり米国との協議が妥結できず、かつドイツ型核共有も受け入れられないという場合には、フランス型の独自の核兵器システムを構築するという案もありうる。

ただしその場合は、米国との核抑止のリンクはもっとも弱くなる。またこの案は独自システムを実戦配備するまでの間は、日本には核抑止力がなくなることになるという最大の問題点を抱えている。

そのほか、英国型なら解決できた、核戦力の具体的な指揮統制・通信システム、機密保護、安全管理、訓練に関する実運用の前提となるノウハウの吸収が米軍からはできず、独自にやらねばならなくなる。また核兵器開発、ミサイル開発、核実験も自ら白紙状態から行わねばならない。そのために実戦配備までの時間が長期化し核抑止の空白がさらに長引くことになる。

外交上もＮＰＴとの関係、米国や周辺国の不信と警戒への対処、エネルギー安全保障上も核燃料の供給停止への対応など、種々の問題が顕在化するであろう。

これらの克服には長い期間と多額の資金、高度の技術と人材が必要であり、何よりもこれらの困難を克服しても独自の核戦力を保有するとの国民と政治の強固な決意と一貫した支持がなければならない。

ただしフランスの場合も、独自の核戦力とは言っても、決してＮＡＴＯ同盟国から乖離したものではなく、あくまでもＮＡＴＯ、西側同盟全体の抑止力強化という観点からその意義を説明している。その点では、広い意味での同盟内での「核の分有」と言う方が的確である。

日本が仮に独自の核戦力を保有するとしても、フランス同様にあくまでも自由民主主義体制という共通の価値観を有する国家群の一員として、それら諸国全体の核抑止力を強化するという理由で保有し、国際社会にもそのような説明をすることになるであろう。インドと似たような立場になるのかもしれない。

そうであれば、予想される米国やその他各国の反発は和らげられるであろう。その延長上に、体制や価値観を共有するアジア太平洋諸国間の核共有というさらに発展したあり方も出てくることになる。

またフランスが主張したように、錯誤と相撃を避け、核抑止力を強化するためには、政治、軍事両面で共通の核戦略構想が確立されている必要がある。このための最高レベルでの協議機関を米国との間で設立し、緊密に核戦略構想について平時から調整しておくことが必要であろう。

この考え方からも、NATOに準じた平時からの多国間の核戦略共同協議機関の開設が望ましい。

エ　ドイツ型の核共有【選択肢その四】

ドイツ方式は、非核保有国としてのわが国の地位、核アレルギーとも言える国民感情などを考慮すれば実行の最も容易な案であると言えよう。ただし、ドイツそのほか各国と日本には地政上大きな違いがあり、核抑止力確保という点からは望ましい選択とはいえない。特に不必要に国土、国民を核攻撃に曝す危険があるという致命的欠点を有している。

ドイツ型を採用している国は、冷戦時代、ソ連の大規模な地上戦力による攻撃の脅威に曝されていた国であり、ソ連地上軍の進撃路上に位置していた。国土は狭く人口密度が高く都市化が進んでいる。通常戦であっても開戦当初から国土が戦場となり多数の住民が戦争に巻き込まれるおそれが大きかった。

開戦当初から国土が戦場となり、敵通常戦力の集結阻止に戦術核兵器を使用するとしても、自国民、自国領土から遠く離れた地域で使用することは期待できない。ソ連側が戦術核による先制核攻撃を行う可能性もあるが、その場合の主目的はＮＡＴＯ側の前方防衛地帯を迅速に突破することにあると見積もられ、これら諸国の国土が真っ先に核攻撃に曝されることになる。

いずれにしても、いったん戦術核兵器が使われれば、双方の報復核攻撃も予想され、その場合狭隘な国土は全土がフォールアウト（核爆発時の放射性物質の残留物や爆発周囲の地面、空気などの誘導放射性物質からなる粒子であり、主に風下に流され広範囲を汚染する）に曝され、軍隊だけではなく自国民と国土に大損害が出ることは歴然としていた。

また自国軍隊の前方防衛地帯が迅速に突破され、展開されている核兵器が敵に奪われたり、逆使用されるおそれもあった。核弾頭の秘密をソ連側に早々に奪われることは、米国として何としても回避せねばならなかった。

反面、安全な艦艇搭載の海上核やＳＳＢＮの水中核を展開するための十分な海域は領海近くにはない。地上兵力の侵攻に備えるための兵力整備、訓練などに多額の人員と予算が必要で、海上での対潜作戦や潜水艦作戦の能力を整備する財政的人的余裕もない。

海上核では即応性や信頼性に乏しく、狭隘な国土内に侵攻した敵戦力のみを即時に精密に攻撃することはできない。地上配備された核以上の二次被害が生ずるおそれがある。国土が占領されればＳＳＢＮ戦力が残存していても意味はない。

これらの理由からドイツ型の核共有では、海上配備は諦め、地上に抑止のための戦術核兵器を事前に展開しておく。ただしその管理は米国に一任し、軍隊が崩壊しても核弾頭が奪われたり、偶発的核戦争に至る危険性は回避する。米国の承認を得た場合には、かねて訓練していた戦闘爆撃機などの投射手段を使い核攻撃を行う。その際の目標については、平時からＮＡＴＯの核計画委員会において事前に緊密な調整を図り、混乱と錯誤を避ける体制になっている。日本の場合も、以上と類似した体制になるであろう。

ただしドイツ型の核共有では、指揮統制権限は実質上、米国大統領の専管となるのは避けられない。日本側が一国ならばなおのこと交渉力は弱くなる。日本側は財政支援と基地提供、訓練の負担を負うが、核兵器システムの運用も管理も米国が統制するという結果になるおそれがある。

このシステムの場合、米国の核抑止力とのリンクについても、米国が核兵器提供を拒否すれば機能しない。また米国が核使用を決定すれば、米軍から日本側に引き渡される予定の日本国内に保管されている核兵器も敵の報復攻撃の対象になり、日本はいやおうなく核戦争に巻き込まれる。いずれにしても日米の国家意思が食い違った場合には米国の決定に従わざるをえないことになる。

またドイツ型核共有の前提となった、圧倒的敵地上戦力と陸上国境沿いに対峙する狭隘な大陸国家という地政的特色は日本にはない。

日本に着上陸侵攻する際には、数個師団規模のまとまった兵力を着上陸させ橋頭堡を築いた後でなければ、内陸への本格侵攻はできない。そのためには大規模な経海、経空侵攻のための輸送用艦艇、航空機の集結と、それを援護するための海空優勢の獲得が不可欠である。これらの準備なしに敵地上戦力が開戦当初から直接国土に侵略してくるおそれは、一部による奇襲的離島侵攻や事前に潜伏していた特殊部隊による攻撃などを除き少なく、短期間に全土が占領されるおそれはない。

また、ミサイル防衛システムと民間防衛体制を維持していれば、万一核攻撃を受けても戦略防衛が機能して被害が局限され、適切に対処すれば瞬時に国家機能が崩壊することを避けられるであろう。以上から明らかなように、わが国の場合は、短期間のうちに通常戦力の奇襲侵攻により国土が全面占領されたり、核攻撃で国家機能が瞬時に崩壊するおそれは少ない。残存性のある報復核戦力があれば、核抑止力を機能させる余地は十分にあると言えよう。

このような残存性のある核戦力として日本の地政と国情に最も適しているのがＳＳＢＮである。日本には領海と排他的経済水域だけでも、世界で六番目の広さと世界一の海水体積がある。良港にも後方支援能力にも恵まれている。ＳＳＢＮの展開海域は確保でき、その支援も可能であろう。

ＳＳＢＮが健在する限り、敵が先制第一撃で都市などの対価値目標を核攻撃しようとしても報復核戦力は無傷であり、抑止力は機能する。海上優勢が確保できていれば、ＳＳＢＮの制圧は困難であろう。特に地上戦力の整備に重点を注がざるをえない大陸国の場合には、海上での対潜作戦などには質的にも量的にも十分な資源は充当できない。それだけわが方のＳＳＢＮが残存する可能性は高い。

逆に地上に戦術核を配備する案の場合は、地上配備核戦力が敵の先制対兵力攻撃の目標になり、狭い国土では二次被害は避けられない。日本の場合、ＳＳＢＮなど海中核を配備する海域が十分あるにもかかわらず、わざわざ国土、国民を危険に曝す地上核配備という選択をするのは不合理であり、安全保障の目的に反する。その上、米国の核戦力とのリンクもより不確かなものにしかならない。

英国の核兵器システムも今はＳＳＢＮに搭載されたトライデントに一本化されている。潜水艦発射弾道弾（ＳＬＢＭ）の精度が向上して対兵力攻撃でも使用できるようになったこと、指揮通信システムが進歩して、かつてよりも信頼性も即応性も向上したことなどがその背景にあるのであろう。日本の場合も、ＳＳＢＮの保有をまず追求すべきであろう。

また核弾頭を積んだＳＳＢＮの運用や管理は平時米軍に一任し、日本側は訓練のみを受けておき、有事には米側の了解の下に実核弾頭を積んだＳＳＢＮに乗り込み核抑止力を行使するという、ドイツ型のSSBN版とでもいうべき案も考えられる。

この案の最大の問題点は即応性にある。SSBNは二十四時間常に一隻は哨戒任務についていなければ意味がない。ほかの核抑止兵器システムを保有していなければなおさらである。英国も一隻を常に即応体制においている。米国側の潜水艦の来航を待ってから日本側乗組員が乗り込むといった運用では、数十分で勝負がつくとさえ言われている核戦争には間に合わない。日本側が装備しているSSBNは日本側の乗員のみで運用され、常時一隻は即応体制を維持していなければならない。

以上からドイツ型の核共有は、国土と国民を不必要に核の脅威に曝し、日本の地政的条件に適さず、信頼できる米国との核抑止力の一体化も期待できない望ましくない案といえよう。

(三) 望ましい核共有のあり方および具体策

ア 各選択肢の比較・評価

以上四つの選択肢について述べてきたが、日本の核共有のあり方としては、英国型が最

日本の採りうる選択肢の比較・評価

比較の要因	現状の踏襲	英国型	仏国型	独国型	要因の重要度
独自の指揮権確保	×	○	◎	×	◎
核抑止力の保持	×	◎	△	×	◎
地政・国情への配慮	×	◎	○	×	○
実現の容易性	◎	○	×	◎	△
結論	4	1	2	3	英国型が最良

も望ましい。核戦力としては、地政的条件と国情が最も類似している英国に準じ、ＳＬＢＭは米国と共用しつつ独自に建造したＳＳＢＮシステムを装備化するのが最も望ましい。

第一の「引き続き米国の核の傘に依存する」との案は、近い将来、米の核抑止力が効力を発揮しなくなるおそれがあるとの現状認識を直視しない案であり、今後のわが国の責任ある核政策の選択肢とはなりえない。

英国型は、独自の指揮権にやや制約が加わるものの、米国の核抑止力との一体化がハード、ソフト両面で確保され、核抑止力が中断されるおそれもない。また移行が最も円滑に行える。ただし実現には、米国との信頼関係と協力が不可欠である。

次いで望ましいのはフランス型であるが、独自の

ＳＬＢＭを保有し核作戦に関する独自の指揮権を確立することができる。反面、米国の核抑止力との一体化は期待できない。

ただしその場合も、体制と価値観を同じくする国家として広い意味での核抑止力を強化し、かつ相撃と錯誤を回避するため、米国との核戦略構想の調整と緊密な連絡は必要である。また独自の核抑止力を構築するまでの抑止の空白期間をどう乗り切るかという問題があり、国民の一貫した支持が欠かせない。

ドイツ型は実現にあたっての障害は最も少ないが、指揮権は象徴的なものに止まり、核抑止力の保障という観点からは最も信頼性に欠け、地政的条件に合わず、国土、国民を不必要に核脅威に曝すことになる。したがって、わが国が主体的に核抑止にかかわるという観点からは、最も劣る選択肢である。

以上を要約すると表（前頁）のようにまとめることができ、わが国の選択肢としては英国型が最良といえる。

なお、将来、核使用について日米間に意見の相違が生ずる可能性も無視できないことを考えると、日米関係を維持しつつも限定された独自の核を保有する、すなわちフランス型と英国型の中間案も考えられる。

イ　英国型核共有の具体化

ＳＳＢＮや核弾頭搭載弾道弾の研究開発、建造予算を負担し、研究開発、建造費、運用経費の分担を行うことを前提に、英国型の核共有、即ち米国の核作戦計画に組み込まれながらも、自国製のＳＳＢＮを建造、運用しその指揮権を保有するという方式を追求するのが最も望ましい。

全面的な米国製装備の導入は部品供給、整備などを米国に依存することになり、独自戦力の稼動、緊急時の即応性、運用可能性確保上望ましくない。このため独自の原子力潜水艦を建造（なお、英国のトライデント型原子力潜水艦計画の総予算額は約一兆円程度と見積もられている）し、自国の乗員による運航を目指すべきである。核弾頭も自国製が望ましい。指揮統制・通信システム、ＧＰＳなども独自のものを最小限保有し、首相からの直接の指揮系統を確立しておくことが必要である。

ただし潜水艦発射弾道ミサイルはトライデントなど米国製を使用するとともに、統制組織として国家・統合軍レベルの共同核作戦司令部を日本本土に位置させ、米核抑止力とのリンクをハード面から確立する。

統制調整事項として攻撃目標に関する計画段階での調整を緊密に行う。核戦力の指揮権について米国との協議が必要である。協議にあたっては、米国の核抑止力との確実なリンクを確立しつつ、最大限の独自の指揮統制権を確保することを追求すべきである。混乗による「二重キー方式」は避けるのが賢明である。ドイツ型の有事における乗員の移乗によるSSBNの核抑止力確保という案は即応性に欠ける。

以上のようにSSBN保有は最も望ましいが、単一の兵器システムに依存することの危険性と地上核の即応性を重視するならば、一部の戦域ミサイルを地上配備するという案は、特に戦域核ミサイルが中朝に対し非対称な現状では、均衡回復の意味で配備する必要性はある。

この場合は前項で検討した非核三原則見直しによる米軍の地上配備核ミサイルの持込みが望ましい。敵が地上配備核ミサイルに先制攻撃をしようとした場合、米軍を対象とすることになり米国の核報復を招くおそれが高いことから、日本本土防衛と米国の核抑止力のリンクが機能するからである。

ただし地上核の持ち込みだけでは抑止力としての信頼性に欠ける。中朝の中距離核戦力の削減程度の目的ならパーシングⅡなどの地上核の持ち込みは交渉次第では効果を挙げうるが、最も本質的脅威である中露の戦略核戦力と米核戦力の不均衡という問題には効果はない。

この問題を解決するには、日本への核恫喝に際し米国の核の傘が確実に機能することを保障するシステムの構築が不可欠である。また持ち込み容認のみでは米国の都合でいつ持ち出しされるかわからず、核抑止力としての信頼性に欠ける。以上からＳＳＢＮと米国製地上配備核ミサイルの併用が望ましい。特に、この案はＳＳＢＮの実戦化が不十分な過渡期における核抑止体制として採用すれば、二重配置により核抑止力を確実に確保できるという点で意義が大きい。

ウ　英国型とフランス型の中間案の具体化

米国との同盟関係を維持しつつ、かつＳＳＢＮを主力とする核作戦に関して日米共同核作戦調整所を日本に常設する。ただし、核作戦の指揮権限については、日本側は日本の首相が、米国側は米国大統領が保有する。また核戦略の構想、作戦計画、特に目標の選定においては平時から緊密に共同調整しておき、錯誤と相撃を回避する。

核作戦の実施にあたっても可能な限り共同調整に努める。ただし、日米の意見が相違した場合は、日本は日本側の、米国は米側の部隊のみに指揮権を行使する。その場合も日米は相互に相手国を攻撃しないことを協定として取り決め、制度上、指揮統制組織上も相手国攻撃が不可能なように、指揮統制組織、装備体系を構築する。

その結果、日米の核戦力の一体化が可能な限り保障され、中露朝などの連携核戦力、中国の第二撃抗堪力に対し、日本の人口と国土が加わることになり、均衡は日米に有利になる。また米国の対日核抑止力も最大限に保障される。

日米の意見が相違した場合も、相互の攻撃は回避され、かつそれぞれの指揮権限、主権は尊重される。ＳＳＢＮを主戦力とし第二撃能力を保有していれば、日本独自の最小限抑止戦力も保持できる。

日本本土に日米共同核作戦調整所を置いておけば、日本のみが戦う決意をした場合、自動的に米国も巻き込むことになり、米国の核報復の蓋然性が高まる。日米の共同核作戦調整所の日本本土での存在が、日米の核のリンクを強化することになる。

独自核を保有する場合は、ＳＳＢＮそのものを共通にしておく必要性はなく、むしろ日本独自のＳＳＢＮを装備化すべきであろう。この場合、日本が自らの予算と技術で独自のＳＳＢＮを建造しなければならない。しかし、独自に装備化するのには五年から十年は必要であり、さらに訓練を重ね運用実績を積み上げねば真の戦力化にはならない。

そのためその間のつなぎとして、米国の了解が得られれば、米国の装備体系を導入し、その運用、特に海中との指揮通信システム、偶発事故防止、機密保持などに関するノウハウを修得する必要がある。米国の了解を得ることが困難であればフランス、インドなどと何らかの協力が必要になるであろう。

いずれにしても、英国案に比べ独自保有案はリスクが高く、望ましいとはいえないが、やむをえない場合の対策として考慮しておくべきであろう。

（四）共通の価値観を持つ諸国との核戦略同盟形成

現状では、現国際秩序維持に真摯に取り組んできた日本、欧州各国などが、強権的体質の下、軍事力、とりわけ核戦力の質的量的強化に取り組み、秩序破壊国を密かに支援してきた中露両国、さらに国際取り決めに違反して核保有を実現し、あるいは実現しようとしている北朝鮮、イランなどの秩序破壊国の核脅威に曝されており、その脅威は益々増大の方向にある。

このような趨勢の中、民主主義、政治的自由と自由貿易という価値観を共有する諸国が連携して一体となった核抑止体制を築くのが、中朝露などの現秩序挑戦国群の核戦力に対する抑止力として最も確実な方策である。

欧米と共通の価値観を持つ諸国、すなわち日本のみならず、広大な面積の豪州にも核分有を認め、中国に匹敵する人口を有し核保有国でもあるインドを含めた核戦略同盟を結成すべきである。

そのために、まず日本自らが集団的自衛権容認に踏み切らねばならない。それと同時にNPT体制を見直し、核抑止力を均衡させ国際平和を維持することを目的として、主権国家としての核保有の権利と核の国際管理を両立しうるような新たな国際的核管理体制を構築するべきである。

日米欧印、東南アジア、豪州など自由民主主義体制、市場経済と自由貿易体制という価値観を共有する国家群がそのような体制構築の主導権をとるべきであろう。この際、中露封じ込めの性格を避けられるよう、まず中露などにもそれに加わるよう働きかけるのが望ましいが、参加を拒否された場合にはブロック化してもやむをえないであろう。軍備管理については別の場を設けるのが望ましい。

かつて冷戦崩壊を導いたのは対ソ核手詰まり状況下でのレーガン政権の競争戦略であった。同様に、核戦力の均衡を維持し抑止力を機能させ平和を維持できれば、経済、技術面での戦いでは自由民主主義体制の方が優っていることは明らかである。現在の中露の経済活況も先進国の技術と資本力に支えられている。競争戦略に持ち込めば、時間はかかるかもしれないが、挑戦国の政治・経済制度への望ましい変革を促すことになろう。

ただしこのような制度に移行するには長時日が必要であり、まず日米間の核戦略の調整が必要である。日米間の核共有が中核になり、はじめて新たなＮＰＴ体制の創出も可能になる。

またＮＰＴ体制の問題点を指摘し、ＮＰＴ体制の見直しを訴え、現行の不平等性を是正し核恫喝の恐怖から免れるような新体制構築の主導権を握れるのは、唯一の被爆国であり、また潜在能力を有しながら核保有を控えてきた日本以外にない。

終章　日本の国防政策への提言

以上、わが国の核抑止・対処体制を強化し、その信頼性を向上する観点から、日米安保体制およびわが国の防衛体制などの現状と問題点を明らかにし、その改善のための具体的方策について検討してきた。その結果をまとめると、以下のとおりである。

I　日米安保体制の強化に関すること

①日米の国家レベルにおいて、核戦略・核政策を中心議題として協議する組織や仕組み（システム）を作ること

②ガイドラインに基づき、わが国の核防衛のための日米共同研究を行い、共同戦略の構築と共同作戦計画等の作成を推進すること

この際、研究成果を踏まえて、日米が適切に役割を分担し、保有すべき機能・能力を明らかにすること

③平素から日米共同抑止・対処のための機構・組織を常設しておくこと

④わが国の「非核三原則」を見直し、米軍の運用上の要求による核兵器の持ち込みを認めること

II　わが国の防衛体制に関すること

①集団的自衛権の行使を認めること
②危機管理と抑止の概念を確立し、「安全保障基本法（仮称）」などにその趣旨を盛り込むこと
③国家の情報機能を強化するとともに、安全保障会議を改革して国家の危機管理体制を強化すること
④弾道ミサイル防衛（ＢＭＤ）システムの前倒し導入と日米共同技術研究の促進を図ること
⑤自衛隊に敵基地攻撃能力を保持させること

III　わが国の国内体制の整備に関すること

①国家の総合一体的な危機管理と有事対処体制を確立すること
②民間防衛（国民保護）を一層強化すること
③国家秘密保護法とスパイ防止法を制定すること

Ⅳ　ＮＡＴＯ型核共有の模索

Ⅰ～Ⅲの各項目は、わが国の核論議を取り巻く国内外の情勢を踏まえた当面取りうる施策であるが、中長期的課題として、ＮＡＴＯの体制に準じて日米間での核共有（nuclear sharing）の可能性について検討することが必要である。これと併せて、欧州と同様にアジア・太平洋地域においても、核抑止力の確保のため、核不拡散条約（ＮＰＴ）体制の見直しも含めた新たな核管理のための体制のあり方について、価値観と体制を共有する関係国に多国間協議を呼びかけることも、唯一の被爆国である日本のなすべきことであろう。

わが国の核抑止・対処のために提供されている米国の「核の傘」は、あくまで外交的公約であり、口約束であって、心理的効果をもたらすに過ぎないという指摘がある。残念ながらこの指摘は、日本がおかれている現実の姿をよく表しているといわざるをえない。戦後六十年間わが国は、世界唯一の被曝国であり、しかもロシア、中国の核の脅威に曝されながら、ひたすら米国の核の傘を信じて、核の脅威から国民を守るために自らが何をなすべきかについては、ほとんど論議してこなかった。そして、北朝鮮の核保有という事態に直面してやっと核論議が目覚めかけた。断じて、この目覚めかけた核論議を尻つぼみに終わらせてはならない。

現在わが国は、豊富なエネルギー資源を背景として極東に再び目を向けだした核大国ロシア、目覚ましい経済発展の裏で海軍力や弾道ミサイルの増強近代化を進める中国、そして核保有を放棄しようとしない独裁国家北朝鮮という、いずれも核兵器を保有する国々に囲まれている。このわが国のおかれた立場は、かつての東西冷戦時代に西側のリーダーであった米国の核の傘の下で平和を保ってきたのとは、比べものにならない厳しさがある。北朝鮮によって眼前に核の脅威を突きつけられた今、わが国は核に囲まれているという現実に目を向け、実効性のある具体的な核論議を推し進めなければ、将来に大きな犠牲を払うことになりかねない。

もとより、日本が世界に核の悲惨さを訴え、核廃絶の実現に向けての話し合いを呼びかけることは、世界唯一の被爆国として当然やるべきことであろう。しかしながら、一瞬のうちに広島、長崎が壊滅するという悪夢をみた日本国民の核兵器廃絶の悲痛な叫びにもかかわらず、世界の核兵器保有国は増え続け、核実験は繰り返されている。眼前に核の脅威を見せつけられた今、この現実から目をそらすことなく、わが国に向けられているかもしれない核の使用を抑止し、万一の事態に対処するための具体的な論議を起こさなければならない。

本書で述べてきたことは、かつての軍国主義や米ソ核軍拡競争などとは無縁のものである。あくまでも、わが国よりも強大な軍事力を持つロシア、中国および北朝鮮という核保有国に囲まれた島国に住む日本国民が生き残るために、今そして将来に向かって最小限何をしなければならないかを提言したものである。

それは決して単純な核武装論でないことは、本書を読み進まれた読者の方にはお解りいただけるであろう。第一章で詳しく述べたとおり、わが国の核武装の可能性は、日米安保の崩壊の危機や核兵器保有に対する国民の根強い反対と、これを克服する政治力の弱体などの理由によって、自前で早急な開発を図るには極めて困難な条件の下にある。

その現実を踏まえたならば、わが国がすみやかに着手しなければならないことは、日米安保体制を外交的な公約にとどめることなく、対等な同盟国としての絆をより強固なものとすることにより、核抑止及び核対処体制を強化することである。しかし日米安保体制の強化それ自体は、核の傘の信頼性を向上し、万一の事態における米国のわが国に対するコミットメントの保障を強化するものであり、それだけで日本の国防が万全とは言い難い。

何よりも大切なことは、わが国自身の実効性ある国防努力であり、国民一人一人の自らの国を守るという強い意志である。具体的には第二章で縷々述べたとおりであるが、財政主導の国防政策ではなく国家戦略――国防戦略にもとずく防衛力整備や、文官による自衛隊の運用統制でなく政治指導者による真のシビリアンコントロールとそれに必要な戦略情報および情報保全機能の充実、ならびに国民意志の現れともいえる民間防衛に対する国民の理解の重要性などについては、再度強調しておきたい。また、これらの施策なくしては、今後の対等な立場での強固な日米安保体制の維持は困難であろう。すなわち、第二章の表題とした日米安保体制強化論を成り立たせるためには、わが国自身の国防努力と国内体制の整備が不可欠なのである。

北朝鮮によって突きつけられた核の脅威すなわち「眼前の危機」に実効性を持って対処するには、これらの具体的方策を強力かつ迅速に達成する以外に途はないのである。そして、将来にわたるその着実かつ確実な国家的努力が、中露両国の核の脅威に対しても有効な備えを持つだけでなく、多種多様な危機や核のみならず非核（通常戦）の有事にも強い国家作りに大いに資することになるものと確信する。

おわりに

本郷美則氏が、北朝鮮による東京中心部と横田基地への核攻撃を受けた場合のことを、『首都壊滅』という本に表している。その本には、爆風と熱によってすべての建造物が破壊され、爆風と熱に加えて放射能によって人間をはじめとするすべての生物が地上から消え、電磁波によってコンピュータ、電話機をはじめとする電子機器が破壊され、日本が国家として機能しなくなり、壊滅することをわかりやすく述べられている。

北朝鮮のミサイルが、日本海に撃ち込まれ、日本上空を飛び越した。そして、北朝鮮は、ついに核実験までやってしまった。この現実を冷静にみるならば、わが国が周辺国家からの核の脅威に備えることは当然であろう。もし、わが国が無防備に近い現状のままで、ふたたび核攻撃を受けたならば、本郷氏が述べているように、国が壊滅的打撃を被ることは必定である。その可能性を排除し、日本の安全を確保するためには、早急に具体的な核論議をはじめることが不可欠であり、本書は、その基礎を提供しようとするものである。

核攻撃は、限られた戦場での軍隊同士の戦いではなく、いきなり国民に直接被害を及ぼす。また、非核弾頭のミサイルあるいはテロなどの手段で日本海側に集中する日本の原子炉を正確に攻撃されたならば、破壊された原子炉から放出された死の灰が、日本列島上空に吹いている強い偏西風にのり中央山脈を越えて太平洋側にまで至り、日本各地に核攻撃を受けたと同じような被害をもたらすこととなるであろう。

これらの攻撃を抑止し、万一に備えるために、国民一人一人が知らなければならない基本的なことは、個人および集団の防護である。個人防護のためには、携帯ラジオ、濡れティッシュと手拭またはハンカチ、懐中電灯、ホイッスル、ペットボトル一本の水および防護マスクを、集団防護のためには、高い気密性と外から入ってくる空気を清浄化する装置を備えた地下式の「防護シェルター」を保有する努力を今すぐ開始しなければならない。そうすることによって、核兵器をはじめとする大量破壊兵器からだけでなく、通常兵器による攻撃、テロなどに備える国民の強い防衛意思を示すとともに、攻撃を受けるようなことがあった場合には被害を極限することとなる。さらに、これら防護手段は、地震、台風、洪水等の災害対処にも活用できるのである。

日本人は、被爆体験からくる様々な感情、あるいは戦後の過度の平和教育や個人主義教育などのなかで、わが国で起こる核論議には過敏に反応し封印しようとするが、周辺諸国の核の脅威には鈍感な体質になってしまったかのように思える。それは、情報化社会にあって国民に正しい情報が伝わらないことにも原因があろう。一方、一瞬のうちに多くの人の生命を奪うこととなる核の問題は、物理的にも倫理的にも取っつきにくく、かつ難解であり、一般国民にとってできれば避けて通りたい問題でもあろう。このため、わが国の核論議は、「核はすべて悪であり論議することすらいけない」といった一部の感情的な発言に振り回され、具体的な議論に進むことはなかった。しかし、目前に脅威をみた今、やっと緒についた国民保護法に基づく国家や地方自治体の動きがゆるやか過ぎることにやきもきしつつも、大部分の国民は、北朝鮮の脅威を冷静に受け止め、自らの安全について真剣に考えはじめているものと確信する。そのような国民の皆様にとって、本書が参考となれば幸いである。

二千数百年におよぶ万世一系の歴史の中で育んできた和の心、議会制民主主義を基調とする自由で平和な社会、そんな日本人、日本国家が未来永劫に存続し、そして本書をお読みいただいた皆様とご家族、隣人、知人などのすべての方々が子々孫々にわたり、世界の人々とともに平和のなかに生き続けられることを切に願う次第である。

《執筆者紹介》

倉田英世：郷友総合研究所長　昭和三十三年防衛大学校卒、陸自化学学校教育部長、陸自幹部学校戦術教官室長、イラク大量破壊兵器廃棄に関する国連特別委員などを歴任、元陸将補

緒方信之：郷友総合研究所上級研究員　昭和四十七年防衛大学校卒、米陸軍諸職種連合センター連絡官、陸自北部方面通信群長、陸自幹部学校戦略教官室長などを歴任、元陸将補

鬼塚隆志：郷友総合研究所上級研究員　昭和四十七年防衛大学校卒、フィンランド防衛駐在官、陸自富士学校特科部長、陸自化学学校長などを歴任、元陸将補

髙井　晉：郷友総合研究所上級研究員、尚美学園大学大学院客員教授　昭和四十八年青山学院大学大学院法学研究科博士課程単位習得、ロンドン大学キングズカレッジ大学院留学、元防衛研究所図書館長

冨田　稔：郷友総合研究所上級研究員、同幹事　昭和四十三年防衛大学校卒、陸自第一ヘリコプター団長、陸自航空学校長、陸自関東補給処長などを歴任、元陸将補

樋口譲次：郷友総合研究所上級研究員　昭和四十四年防衛大学校卒、陸自第2高射特科団長、

陸自第六師団長、陸自幹部学校長などを歴任、元陸将

矢野義昭：郷友総合研究所上級研究員　昭和四十九年京都大学卒、陸自第六普通科連隊長、統幕後方運用調整官、陸自幹部学校教育部長、陸自小平学校副校長などを歴任、元陸将補

本書は、はじめに樋口が全体を構成し原案を作成したものに、米軍関係を緒方が、NATO軍関係を矢野が、国際法・宇宙利用関係を高井が、民間防衛関係を鬼塚が、それぞれ専門の立場から加筆し、その後、倉田以下全員により内容全般にわたる検討を重ね、その結果を冨田がとりまとめたものです。

※　紹介文中の「陸自」とあるのは「陸上自衛隊」の、「統幕」とあるのは「統合幕僚会議事務局（現統合幕僚監部）」の略です。

参考文献等

中西輝政『「日本核武装」の論点—国家存立の危機を生き抜く道』（PHP研究所、二〇〇六）
佐道明広『戦後政治と自衛隊』（吉川弘文館、二〇〇六）
中島信吾『戦後日本の防衛政策—『吉田路線』をめぐる政治・外交・軍事—』（慶應義塾大学出版会、二〇〇六）
片山さつき「自衛隊にも構造改革が必要だ—財務省担当主計官からの警鐘」（中央公論、二〇〇五）
樋口譲次「これでは日本は守れない！ 自衛隊の実力低下を憂う」（正論、二〇〇七）
防衛庁「平成15年版～18年版 日本の防衛（防衛白書）」
朝雲新聞社「平成18年版 防衛ハンドブック」
高井晉「国連安全保障法序説—武力の行使と国連」（内外出版、二〇〇五）
総合科学技術会議「我が国における宇宙開発利用の基本戦略」（二〇〇四）
高井晉「日本の宇宙開発利用と安全保障政策」（二松学舎大学編『国際政経論集』、二〇〇八）
山下正光・高井晉・岩田修一郎「TMD—戦域弾道ミサイル防衛」（TBSブリタニカ、一九九四）

伊藤貫「中国の『核』が世界を制す」（ＰＨＰ研究所、二〇〇六）
中川八洋「日本核武装の選択」（徳間書店、二〇〇四）
「日本の核・防衛に関する百問百答」（WiLL-二〇〇七年一月号）
Report of the High-Level Panel on Threats, Challenges and Changes (A/59/565, 2 Dec. 2004)
Karl H. Gerny & Henry W. Briefs eds., *NATO in Quest of Cohesion* (New York, Frederic A. Praeger, Inc., Publishers, 1965)
Joint Publication 3-12 *Doctrine for Joint Nuclear Operations Final Coordination (2)*, 15 Mar. 2005
Henry A. Kissinger, *Nuclear Weapons & Foreign Policy* (Garden City, New York: Doubleday & Company, Inc., 1958)
Secretary of State for Defence, George Robertson, *Strategic Defence Review: Supporting Essay Five: Deterrence, Arms Control & Proliferation*, Jul. 1997
Hans M. Kristensen, *U. S. Nuclear Weapons in Europe* (Natural Resources Defense Council, 2005)
David M. Abshire & Richard V. Allen, eds., *National Security; Political, Military & Economic Strategies in the Decade Ahead* (New York & London, 64 University Place, 1963)

WEB-SITE

ＮＡＴＯ — NATO Handbook

http://www.nato.int/docu/handbook/2001/hb020602.htm´　2007.06.05

北米防空司令部（North American Aerospace Defense Command)

http://www.norad.mil/about/index.htm 2007.06.06

カナダ同盟（CanadianAlly.com)

http://www.canadianally.com/ca/snapshot-en.asp 2007.06.06

カナダ国防軍（National Defence and the Canadian Forces)

http://www.forces.gc.ca/site/Newsroom/view_news_e.asp?id=1922　2007.06.06

英国国防省 — the future of the United Kingdom's Nuclear Deterrent

http://www.mod.uk/NR/rdonlyres/AC00DD79-76D6-4FE3-91A1-6A56B03C092F/0/DefenceWhitePaper2006_Cm6994.pdf

米国防省防衛技術情報センター（DTIC)

http://www.dtic.mil/doctrine/jel/doddict/data/p5638html

その他の WEB-SITE

http://eu.wikipedia.org/wiki/Single_Integrated_Operational_Plan

http://pegasus.phys.saga-u.ac.jp/peace/tp2000/handbook/tdihb6.html

フィンランドの民間防衛に関する資料
Helsingin Väestön suojelu（「ヘルシンキの民間防衛」・フィンランド民間防衛機関）
Väestönsuoelu taustaa「民間防衛の歴史」
Toimintaa ja tapahtumia「要員の活動とその活動歴」
1927-1989

東京が核攻撃を受けたら
－20KTの核兵器による被害（米軍教範FM-101-31-3）－

1、 人の総合死傷半径（m）

爆発高度（m）		曝露人員		土1mの隠蔽		木造家屋内	
－		即効	遅効	即効	遅効	即効	遅効
高空	326	1200	1200	600	800	1700	2700
低空	144	1200	1300	600	900	1100	2000
地表	0	1100	1300	600	900	900	1800

木造家屋の場合：　家屋倒壊、火災による被害を含む

2、 爆風による損害半径（m）

爆発高度	損害半径（m）		
	森林内の人員	車両の損害	道路橋梁鉄道
被　害	(倒木程度の被害)	(中損害)	(重損害)
高　空	1200	800	700
低　空	1200	900	700
地　表	1200	900	800

3、 破裂穴の大きさ（m）

土　質	半　径	深　さ
通常の土	53	14
湿った土	80	21

注：湿土とは、破裂穴ができた後すぐに水が溜まる程度の湿った土

4、 放射線による被害（m）

人の防護の状態	半数傷害被曝量	半数致死被曝量
曝露人員	1450	1200
車両内	1350	1150
土1mの防護内	900	750

注： 半数傷害量＝200レム（死亡率ゼロ）

半数致死量＝650レム（半数が死亡する放射能の量）

5、 白紙的なフォールアウト地域の大きさ

－爆発後一時間時の放射線量率（R/ｈ）の風下距離（ｋm）－

	10,000R／ｈ	300R／ｈ	100R／ｈ	３０R／ｈ	10R／ｈ
ＧＺの半径	0.4	0.7	1.2	1.6	2.3
風下　距離	4.0	9.2	17.4	40.0	80.0
最　大　幅	0.8	1.5	2.2	3.5	6.2

カバーデザイン　竹内文洋（landfish）

【著者略歴】

郷友総合研究所

社団法人日本郷友連盟（昭和31年、防衛庁認可第一号の公益法人として、「国防思想の普及」「英霊の顕彰・殉職自衛官の慰霊」「正しい歴史伝統の継承・助長」を目的にして、全国的な国民運動を展開）の下部組織として、平成9年に設置された。防衛問題、歴史教育問題等に分かれて研究を行い、数々の研究成果をまとめ上げるとともに、「国防」「教育」等に関連した政策提言を毎年行っている。

最近の研究成果等：「国軍創設に関する研究（政策提言）」「歴史教科書のあり方」ほか多数。

日本の核論議はこれだ
新たな核脅威下における日本の国防政策への提言

平成二十年四月二十日　第一刷発行
平成二十一年五月二十日　第二刷発行

編　者　郷友総合研究所
発行人　藤本　隆之
発　行　展　転　社

〒113-0033　東京都文京区本郷1-28-36-301
TEL　〇三（三八一一）〇七二一
FAX　〇三（三八一一）〇七八六
振替　〇〇一四〇-六-七九九九二

組版　生々文献／印刷　シナノ／製本　大石製本所

定価［本体＋税］は表紙に表示してあります。
ISBN978-4-88656-317-0　C0031